国家出版基金项目
NATIONAL PUBLICATION FOUNDATION

"十三五"国家重点出版物出版规划项目

集成电路设计丛书

微处理器设计：架构、电路及实现

虞志益　曾晓洋　魏少军　著

科学出版社

龙门书局

北　京

内 容 简 介

本书介绍并分析微处理器的系统架构、电路设计、物理实现等各方面的关键技术，兼具广度和深度，实现微处理器设计所需知识的纵向整合和融会贯通。本书既包含微处理器设计的基本知识，如发展简史、基本组成及工作机理、指令集、流水线、超标量、层次型存储结构与基本存储单元的实现、设计验证及可测性设计，又深入介绍若干前沿研究和发展方向，如多核处理器、新型存储、计算与存储的结合、领域专用处理器、3D 处理器，最后介绍若干国内外重要的处理器。

本书适合集成电路设计、计算机领域的研究生及相关专业人员，特别是微处理器开发电子工程师阅读学习。

图书在版编目（CIP）数据

微处理器设计：架构、电路及实现 / 虞志益，曾晓洋，魏少军著.
—北京：龙门书局，2019.8

（集成电路设计丛书）

"十三五"国家重点出版物出版规划项目　国家出版基金项目
ISBN 978-7-5088-5622-3

Ⅰ. ①微… Ⅱ. ①虞… ②曾… ③魏… Ⅲ. ①微处理器－系统设计
Ⅳ. ①TP332

中国版本图书馆 CIP 数据核字 (2019) 第 158437 号

责任编辑：赵艳春 / 责任校对：郑金红
责任印制：赵 博 / 封面设计：迷底书装

科 学 出 版 社 出版
龙 门 书 局
北京东黄城根北街 16 号
邮政编码：100717
http://www.sciencep.com

涿州市般润文化传播有限公司印刷
科学出版社发行　各地新华书店经销
*
2019 年 8 月第 一 版　开本：720×1000　1/16
2024 年 6 月第五次印刷　印张：14
字数：260 000
定价：98.00 元

（如有印装质量问题，我社负责调换）

《集成电路设计丛书》编委会

主　　　编：郝　跃

副　主　编：黄　如　刘　明　魏少军　杨银堂

常务副主编：朱樟明

编　　　委：（按姓氏拼音排序）

胡向东　廖怀林　林福江　龙世兵　马凯学
毛志刚　时龙兴　孙宏滨　孙玲玲　王志华
尹首一　虞小鹏　曾晓洋　张　波　赵元富
邹雪城

序

    集成电路无疑是近 60 年来世界高新技术的最典型代表，它的产生、进步和发展无疑高度凝聚了人类的智慧结晶。集成电路产业是信息技术产业的核心，是支撑经济社会发展和保障国家安全的战略性、基础性和先导性产业，也是我国的战略性必争产业。当前和今后一段时期，我国的集成电路产业面临重要的发展机遇期，也是技术攻坚期。总体上讲，集成电路包括设计、制造、封装测试、材料等四大产业集群，其中集成电路设计是集成电路产业知识密集的体现，也是直接面向市场的核心和制高点。

    "关键核心技术是要不来、买不来、讨不来的"，这是习近平总书记在 2018 年全国两院院士大会上的重要论述，这一论述对我国的集成电路技术和产业尤为重要。正是由于集成电路是电子信息产业的基石和现代工业的粮食，对国家安全和工业安全具有决定性的作用，我们必须、也只能立足于自主创新。

    为落实国家集成电路产业发展推进纲要，加快推进我国集成电路设计技术和产业发展，多位院士和专家学者共同策划了这套《集成电路设计丛书》。这套丛书针对集成电路设计领域的关键和核心技术，在总结近年来我国集成电路设计领域主要成果的基础上，重点论述该领域的基础理论和关键技术，给出集成电路设计领域进一步的发展趋势。

    值得指出的是，这套丛书是我国中青年学者近年来学术成就和技术攻关成果的总结，体现集成电路设计技术和应用研究的结合，感谢他们为大家介绍总结国内外集成电路设计领域的最新进展，每本书内容丰富，信息量很大。丛书内容包含了先进的微处理器、系统芯片与可重构计算、半导体存储器、混合信号集成电路、射频集成电路、集成电路设计自动化、功率集成电路、毫米波及太赫兹集成电路、硅基光电片上网络等方面的研究工作和研究进展。通过对丛书的研读，能够进一步了解该领域的研究成果和经验，吸引和引导更多的年轻学者和科研工作者积极投入到集成电路设计这项既具有挑战又有吸引力的事业中来，为我国集成电路设计产业发展做出贡献。

    感谢丛书撰写的各领域专家学者。愿这套丛书能成为广大读者，尤其是科研工作者、青年学者和研究生十分有用的参考书，使大家能够进一步明确发展方向和目标，为开展集成电路的创新研究和工程应用奠定重要基础。同时，这套丛书也能为我国集成电路设计领域的专家学者提供一个展示研究成果的交流平台，进一步促进和推动我国集成电路设计领域的教学、科研和产业的深入发展。

郝跃

2018 年 6 月 8 日

前　　言

在开始撰写本书的时候，我们首先讨论了本书的写作目的是什么？面向的读者是哪些？

首先，本书的定位不是科普性读物，也不是传统的教材，而是一本面向对微处理器设计感兴趣或从事微处理器设计工作的研究生和专业人士的书籍。我们希望本书能明显区别于目前市面已有的书籍，以获得特有的价值。

我们发现，微处理器设计是一项跨学科的工作，在国内的专业分类中尤为明显。微处理器设计需要的知识包括处理器架构设计、电路设计、芯片物理设计，甚至还包括更上层的软件以及更底层的微电子器件设计。从事软件和架构设计的通常是计算机专业人士，从事电路设计、芯片设计、器件设计的通常是电子工程或微电子专业人士。在国内，这些专业的学生通常属于不同的学院，很难掌握完整的知识点，难以融会贯通。

同样的问题也体现在教材中。我们有经典的计算机系统的教材，有经典的计算机体系结构的教材，也有经典的集成电路设计的教材，却并没有合适的书籍能把这些内容有机地串联起来以得到微处理器设计所需的各方面的知识。

基于上述的思考，本书旨在面向集成电路设计领域或计算机领域的研究生及专业人士撰写一本微处理器设计方面的书籍。本书也特别适合微处理器开发电子工程师。本书将介绍并分析微处理器的系统架构、电路设计、物理实现等各方面的基础知识，也会稍微涉及一些软件和器件方面的知识，实现处理器设计所需知识的纵向整合和融会贯通，阐述设计优秀的处理器所需要的完整的知识。此外，本书还将介绍微处理器设计的前沿研究，探讨微处理器设计未来的发展方向，并分析目前主流的处理器。

本书前面 3 章内容基本构成了当前处理器所采用的关键技术的主体。

第 1 章介绍微处理器发展简史。我们希望读者能了解到集成电路技术、处理器设计技术、软件技术波澜壮阔的历史，以及它们如何共同推动了微处理器的发展。第 1 章还介绍微处理器的基本组成、工作机理，以及指令集、流水线、超标量等传统的处理器关键技术，从而给读者一个微处理器的总体概念。

第 2 章介绍微处理器的存储架构及电路。除了介绍存储器阶层结构、缓存、SRAM、DRAM 等传统的、已经成熟的内容之外，还介绍了新型非易失存储及其应用、计算型存储等新型存储器的发展方向。

第 3 章介绍多核及众核处理器。重点介绍多核处理器的发展历史、核间通信、片上互连网络、时钟设计、动态电压时钟控制等技术。多核处理器是这十几年处理器领域最重要的着眼点。

第 4 章和第 5 章介绍两个重要的处理器发展方向：领域专用的"CPU＋"系统，以及 3D 处理器。"CPU＋"系统重点介绍 CPU+GPU、CPU+FPGA、CPU+ASIC 等方案，以及它们的互联和编程方案。3D 处理器重点介绍 3D/2.5D 封装技术及其在存储、处理器等方面的应用。这些新领域的开拓有望打破处理器面临的瓶颈，使处理器获得性能、功耗、灵活性等方面的大幅提升及良好平衡。

第 6 章介绍微处理器设计流程、设计验证及可测性设计。微处理器的验证和可测性设计经常会被人们忽视，但某种意义上它们决定了微处理器设计的成败。

第 7 章介绍国内外典型处理器，如国际上的 Intel 处理器、AMD 处理器、ARM 处理器，以及国内的申威处理器、中天微 CK 处理器等。借这些处理器的介绍可了解处理器发展的历史及现状。

本书的撰写得到了来自各方面的帮助。科学出版社组织了多次研讨会，丛书的主编、副主编及其他编委提供了大量有价值的建议。上海高性能集成电路设计中心的专家、申威处理器的主要负责人胡向东博士多次参与讨论，对书籍的定位及内容安排提供指导。阿里巴巴的孟建熠和上海高性能集成电路设计中心的张伟分别提供了申威处理器及 CK 处理器的素材。此外，本书包含了作者许多以往的科研工作，这些科研工作是在许多合作者及学生的共同努力下完成的，这里无法一一列举，但会在正文中引用相关文献，在此一并表示感谢。感谢国家重点研发计划（2017YFA0206203）等对我们科研工作的支持。最后，也感谢家人对我们工作的支持和理解。

虞志益　曾晓洋　魏少军

2019 年 3 月 9 日

目　　录

第 1 章 微处理器设计概论

微处理器是应用最广泛的集成电路之一，代表着最先进的集成电路设计和制造水平，通常简称为 CPU 或处理器。如图 1.1 所示，微处理器广泛应用于个人计算机、服务器、手机、汽车等几乎所有的电子产品。个人计算机和服务器的处理器以 Intel 的 x86 为代表，是最为人所知的处理器。近年来，以智能手机为主要驱动、以 ARM(advanced RISC machines)处理器为代表的嵌入式处理器迅猛发展，大有超越 x86 处理器之势。

个人计算机

智能手机

游戏机

服务器

路由器

汽车

图 1.1　微处理器是众多电子信息产品的核心

处理器既有很多内在关键技术的一致性，又由于应用领域的不同呈现出了多样性。基本所有的处理器都遵循冯·诺依曼(Von Neumann)计算机体系结构的基本框架，都采用流水线、指令集并行、缓存(cache)等关键技术。但不同的处理器采用不同的指令集，具有不同的性能及功耗。个人计算机和服务器领域被 Intel、AMD 的 x86 指令集处理器所垄断，以高性能为主要着眼点；IBM 的 Power 处理器在某些高性能服务器领域有一定的优势；智能手机普遍采用 ARM 指令集处理器，以低功耗为主要特征。

本章旨在概述处理器发展及其关键技术的全貌。首先介绍处理器的发展简史，分析处理器发展的推动力，介绍处理器指标参数的变化；然后介绍处理器的基本组成及工作原理；最后介绍若干关键技术，如指令集、流水线及超标量。

1.1　微处理器发展简史

1.1.1　集成电路制造、设计、软件等技术合力推动微处理器的发展

微处理器的发展主要依托三大技术的进步：一是集成电路制造工艺及器件技术，二是处理器设计及集成电路设计技术，三是软件技术及应用。

1. 集成电路制造工艺及器件技术的进步

1947 年，贝尔实验室的约翰·巴丁（John Bardeen）、沃尔特·布拉顿（Walter W. Brattain）和威廉·肖克利（William Shockley）发明了基于锗半导体的具有放大功能的点接触式晶体管（图 1.2（a）），开启了固态电路时代。点接触式晶体管被广泛认为是 20 世纪最重要的发明。三人于 1956 年分享了诺贝尔物理学奖。但图 1.2（a）所示的晶体管与后来真正商用的晶体管还有非常大的区别，点接触式被三明治结构（外面两层 N 型半导体中间 P 型半导体的 NPN 结式晶体管或 PNP 式晶体管）所代替，而材料锗主要被硅所代替。

(a)　　　　　　　　　　　　　　　　　(b)

图 1.2　首个晶体管及其发明者

威廉·肖克利于 1955 年在硅谷创办了肖克利半导体实验室（公司），希望能把他发明的晶体管技术产业化，该实验室吸引了一大批才华横溢的年轻科学家。但是肖克利半导体实验室（公司）办得非常不成功，导致了著名的硅谷"八叛逆"（Traitorous eight）（图 1.3）集体出走，他们组建了仙童（Fairchild）公司，发明了可商业化的集成电路。从仙童公司又孵化出了 Intel、AMD 等公司，点燃了硅谷发明创造的火种。

图 1.3　硅谷 "八叛逆"

包含 Intel 公司创始人罗伯特·诺伊斯（Robert Noyce）、戈登·摩尔（Gordon Moore）、发明集成电路
平面工艺的吉恩·霍尔尼（Jean Hoerni）、硅谷最重要的风险投资人之一尤金·克莱尔（Eugene Kliner）等

　　在晶体管发明约十年之后，德州仪器公司（TI）的杰克·基尔比（Jack Kilby）在 1958 年底用硅做出了电阻、电容、二极管和三极管，并把它们连成了一个电路，发明了集成电路（图 1.4(a)）；仙童公司的罗伯特·诺伊斯在 1959 年初发明了具有平面工艺特征的集成电路（图 1.4(b)）。虽然对于集成电路的发明权具有一定的争议，但普遍认为杰克·基尔比首先发明了集成电路，而罗伯特·诺伊斯的发明推动了集成电路的大规模产业化。杰克·基尔比于 2000 年获得了诺贝尔物理学奖，但罗伯特·诺伊斯在那时已然去世，无法分享这姗姗来迟的荣誉。

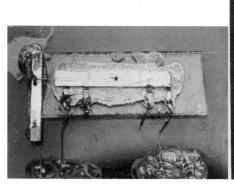
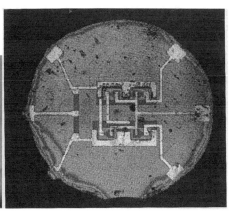

(a)　　　　　　　　　　　　　　　　　　　　(b)

图 1.4　首个集成电路及首个具有平面工艺特征的集成电路

　　1965 年，戈登·摩尔在《电子》（Electronics）杂志发表文章，预言半导体芯片上集成的晶体管数量将每年增加一倍[1]（图 1.5），后来这被称为摩尔定律。当时集成

电路发明才 5 年左右时间，戈登·摩尔仅依据两三代产品就做出了预测。然后，几乎超过所有人的想象，集成电路的集成度基本按照摩尔的预测以每 18 个月翻一倍的速度发展，历经几代技术革新，成为一个影响巨大的产业。

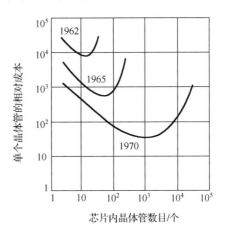

图 1.5　1965 年戈登·摩尔在《电子》杂志发表摩尔定律[1]

表 1.1 是 2000 年以来集成电路制造工艺尺度的变化，体现了制造技术的持续进步，目前最先进的制造工艺尺度已突破 7nm。图 1.6 显示了 2000 年以来集成电路制造领域的一些重要进展[2]：以铜(copper)互连代替铝互连，降低互连的电阻，提高集成电路的速度；应变硅(strained Si)通过拉长硅原子之间的距离来提高电子移动的速度，提高晶体管的性能；高 K 金属栅(hi-K metal gate)以高 K 值的绝缘层代替传统的氧化层，以金属栅代替原来的硅材料栅极，以提高晶体管的速度并降低漏电流；以华人科学家胡正明(Chenming Hu)教授为主要发明者的 FinFET 晶体管[3]采用 3D 结构，大幅减少了漏电流；阈值电压调整(Vt tuning)技术可依据需求调整晶体管的阈值电压，得到电路稳定性、性能、功耗之间的一个良好折中。

表 1.1　2000 年以来集成电路制造工艺尺度的进展

年份	2000	2002	2004	2006	2008	2010	2012	2015	2017
工艺尺度/nm	180	130	90	65	45	32	22	14	10

		strained Si		hi-K metal gate		FinFET		WF Vt tuning	
	copper	Low-K		Self-Aligned Vias		Immersion Litho		SA Double Patterning	
2000	2002	2004	2006	2008	2010	2012	2014	2016	

图 1.6　2000 年以来集成电路工艺器件领域的主要进展[2]

这些集成电路工艺器件领域的重大技术发明维持了摩尔定律的继续前进，同时使处理器的发展得到保障，即使不改变处理器的架构，仅仅更新一下制造工艺就能获得更高的集成度及性能，从而产生新一代的产品。

2. 处理器设计及集成电路设计技术的发展

自动计算机的雏形可以追溯到 1823 年由英国发明家查尔斯・巴贝奇(Charles Babbage)发明的机械式差分机(difference engine)(图 1.7)。它可以利用机械装置自动地进行一些平方和多项式的运算。之后，查尔斯・巴贝奇开始制造第二代差分机，可处理 20 位数，并且还附设了印刷装置。对后世影响更为深远的是，查尔斯・巴贝奇还构思设计了分析机(analytical engine)，方案中设计了利用打孔卡来输入指令，从而实现分析机的可编程性；还设计了子程序、跳转控制等指令方案，这些思想无疑是现代计算机的雏形。但是，限于当时的机械制造水平和财力，查尔斯・巴贝奇没能完成第二代差分机和分析机，他的设计超前了 100 年。

(a) 第一代差分机　　　　　　　　　　　(b) 第二代差分机仿制品

图 1.7　自动计算机的雏形

图灵(Alan Turing)和香农(Claude Shannon)为早期电子计算机的发展从数学理论上铺平道路，而且令人惊讶的是他们最主要的贡献都产生于 1937 年。图灵在 1937 年发表了一篇论文[4]，该论文的本意是试图解决希尔伯特提出的判定问题，但对于计算机领域来说，该论文的重要贡献在于图灵从理论上构建了一个通用处理器，后来被称为图灵机。该机器可以读取一条无限长度的纸带上的符号来执行特定的操作，通过在纸带上给予合适的符号，这个机器可以完成任何复杂的数学计算任务。这个过程与现在计算机通过读取指令存储器中的程序来实现各种应用十分相似。除了图灵机的工作之外，图灵还提出了著名的图灵测试，用于判定机器是否智能。图灵被普遍认为是计算机之父和人工智能之父，后人设立了"图灵奖"纪念他，"图灵奖"被视为计算机届的诺贝尔奖。同样在 1937 年，香农发现了电话交换电路与布尔代数之间的类似性，即把布尔代数的"真"与"假"和电路系统的"开"与"关"对应起来，并用 1 和 0 表示，从而可以使用不同的通断开关组合来执行逻辑运算，推开了数字电路实现以及数字电子计算机实现的大门。该工作作为其硕士学位论文被发表[5]，该论文被誉为 20 世纪最重要、最著名的一篇硕士学位论文。现在，香农更多的是以他在信息论领域的贡献著称于世，但他在计算机领域的贡献同样值得纪念。

全球第一台电子计算机的归属具有一些不同意见，因为同一时期在世界各地有若干个人和团队在进行电子计算机的研制。但是，对世界影响最大的无疑是 1946 年在美国宾夕法尼亚大学研制成功的电子数字积分计算机(electronic numerical integrator and computer，ENIAC)(图 1.8(a))，由埃克特(J. Presper Eckert)、莫奇利(John Mauchly)等在美国军方的资助下完成。ENIAC 采用近 20000 个真空管制造而成，面积超过 100m²，重几十吨，功耗上万瓦，运算能力每秒 10 万次左右。ENIAC 的运算能力在现在看来微不足道，但是它比当时最快的计算机快了近 100 倍，并且它具备编程能力以及子程序、条件跳转指令等功能，这些都使它被认为是第一台电子计算机。跟现代电子计算机一个主要的区别是 ENIAC 采用了十进制而非二进制数据进行计算。此后，ENIAC 团队和冯·诺依曼改进了 ENIAC，设计并制造了离散变量自动电子计算机(electronic discrete variable automatic computer，EDVAC)(图 1.8(b))。EDVAC 计算机由计算、控制、存储、输入、输出等组成，采用二进制数据，程序存在存储中并按顺序获取及执行。这些基本的结构和特征定义了处理器设计的基本准则并沿用至今，通常被人们称为冯·诺依曼计算机体系结构[6]。值得一提的是，冯·诺依曼在数学、物理、计算机等多个领域有重要贡献，是博弈论之父，还是图灵在普林斯顿大学期间的合作导师。

(a)   (b)

图 1.8 首台电子计算机 ENIAC 和首台采用冯·诺依曼体系结构的 EDVAC
图中为冯·诺依曼本人

集成电路发明之后，将一个计算机放入一个微小的芯片成为可能。1971 年，Intel 发表了全球首个基于集成电路的微处理器 4004(图 1.9)，开创了现代微处理器产业。

4004 处理器采用 10μm 工艺制造而成，集成 2312 个晶体管，面积约 $11mm^2$，时钟频率为 400kHz，4 位数据位宽。1978 年 Intel 发布 8086 处理器，是首个 x86 处理器，集成 40000 个晶体管，时钟频率为 4.77～10MHz，16 位数据位宽。8086 微处理器被 IBM 个人计算机采用，推动了个人计算机时代的来临。

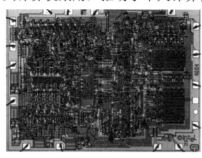

图 1.9　首个微处理器 4004 芯片及封装图

在这几十年间，产生了多项重要的处理器设计技术及集成电路设计技术。这些关键技术将构成本章及本书的主要内容，这里简单列举以下几点。

(1) 流水线技术：借鉴工业流水线的思想，把处理器指令操作过程分成多个步骤，多条指令可重叠操作，提高了指令执行效率。理想情况下可使单指令周期数（cycle-per-instruction，CPI）达到 1，实际运行过程中由于指令间的相关性会产生流水线冲突，无法实现理想的 CPI。

(2) 超标量(super scalar)指令并行技术：在一个周期中获取多条指令并同时执行，可使 CPI 小于 1。超标量处理器通常利用硬件在运行过程中动态地进行判定，然后获取并执行多条指令。除超标量之外，还有另外一种指令并行技术，称为超长指令字(very long instruction word，VLIW)，它利用编译器在运行前静态地判定可并行获取和执行的指令。

(3) 单指令多数据(single instruction multiple data，SIMD)并行技术：对多个数据同时进行相同的操作，从而提高处理器性能。该技术被广泛应用在图像、多媒体处理等应用中。与 SIMD 处理器类似的数据并行处理器还有矢量(vector)处理器。矢量处理器通常比 SIMD 处理器能同时处理更多的数据，常见于超级计算机等系统。

(4) 缓存(cache)：缓存是位于处理器与外部内存之间的存储。其容量比内存小很多，但是读写速度却非常快，一般可以接近处理器的频率。利用应用程序及数据访问的时间局部性和空间局部性，处理器把关键的、需要频繁访问的指令及数据复制于缓存存储器中。当处理器访问存储(内存)时，绝大部分能通过直接读取缓存实现，从而既得到内存的容量又得到接近于缓存的访问速度。处理器缓存通常用静态随机存储器(static random access memory，SRAM)实现，而内存通常用动态随机存储器(dynamic random access memory，DRAM)实现。

(5) 精简指令集计算机(reduced instruction set computer，RISC)：采用相对较少

的指令类型、简单的指令格式、简单的寻址方式来简化处理器的设计，提高功耗效率，并简化编译器。RISC 处理器在 19 世纪 80 年代推出时与当时主流的复杂指令集计算机(complex instruction set computer，CISC)处理器产生了激烈的争论，但后来更多的是两种设计理念相互借鉴、相互融合。目前，CISC 处理器的代表是 x86，RISC 处理器的代表是 ARM，分别在高性能和低功耗应用领域占主导地位。

(6) 多核处理器：2005 年左右开始，由于功耗的挑战，Intel 等公司放弃了以提升时钟频率为主来提高单核处理器性能的方式，开始全面转向多核处理器，通过增加核的数量来提高运算并行度从而提升系统性能。目前，用于个人计算机、智能手机的多核处理器通常包含十个核左右，限制核的数量继续增加的主要原因来自于应用本身的可并行化程度；但是超级计算机、图形处理器(graphics processing unit，GPU)等面向特定应用领域的处理器动辄集成几百上千个核。

(7) 集成电路设计自动化：早期的处理器(如 4004)及其他种类的集成电路均采用手工定制版图的方式设计而成。随着处理器及其他集成电路规模的不断扩大，完全手工方式无法满足需求，从而出现了一系列的集成电路设计自动化工具，主要包括硬件描述语言、电路仿真工具、综合(synthesis)工具、版图自动布局布线工具、版图验证工具等。这些自动化设计工具极大地提高了集成电路设计效率，使得包括处理器在内的超大规模集成电路成为可能。

(8) 动态电压频率调整(dynamic voltage frequency scaling，DVFS)：是最重要的低功耗集成电路设计技术之一，不仅适用于处理器，也适用于几乎所有的集成电路。系统根据工作负载动态地调整电压及频率，当工作负载低的时候，可以降低电压及时钟频率，当工作负载高的时候，提高电压及时钟频率，从而降低系统的功耗。

3. 软件技术的发展

计算机及微处理器与历史上其他机器最大的区别在于其可编程性，通过编程完成各种各样的任务。因此，编程技术(或者称为软件技术)的进步对处理器的发展至关重要。微软公司借助其操作系统、Office 等软件产品成为计算机领域乃至整个信息产业领域的霸主，至今仍占据突出的地位。

阿达·拜伦·洛芙莱斯(Ada Byron Lovelace)通常被视为世界上第一个程序员，她辅助查尔斯·巴贝奇研制差分机和分析机，她甚至建立了循环和子程序的概念。随着 ENIAC 等电子计算机的实现，人们越来越发现编程对于计算机的重要性。初期计算机的编程非常困难，通常利用打孔纸带来设计程序；后来出现了将程序放在内置存储器的方案(这也成为冯·诺依曼体系结构的核心概念之一)。随着微处理器的发明，计算机的成本急剧下降，产生了个人计算机。个人计算机的使用范围和用户迅速扩大，促使软件成为一个巨大的产业。

高级编程语言是关键的软件技术之一。每个处理器都有各自的指令集及汇编语言。而高级编程语言摆脱了与特定处理器的捆绑关系，提高了程序语言的抽象层次，可以用更少、更简单易懂的语言表达程序，极大地提高了软件工程师的编程速度，使大规模的软件产品成为可能。最早的编程语言之一是 20 世纪 50 年代发布的 FORTRAN。随着计算机应用的不断发展，出现了越来越多的高级编程语言，如 C、Java、Python 等。表 1.2 是 TIOBE 2018 年 7 月编程语言排行榜[7]，在一定程度上体现了目前各种编程语言的热门程度。

表 1.2　TIOBE 2018 年 7 月编程语言排行榜[7]

序号	编程语言	比例/%
1	Java	16.139
2	C	14.662
3	C++	7.615
4	Python	6.361
5	Visual Basic .NET	4.247
6	C#	3.795
7	PHP	2.832
8	JavaScript	2.831
9	SQL	2.334
10	Objective-C	1.453
11	Swift	1.412
12	Ruby	1.203
13	Assembly language	1.154
14	R	1.150
15	MATLAB	1.130
16	Delphi/Object Pascal	1.109
17	Perl	1.101
18	Go	0.969
19	Visual Basic	0.885
20	PL/SQL	0.704

与高级编程语言密不可分的是编译器。编译器通过预处理(preprocessor)、编译(compiler)、汇编(assembler)、链接(linker)等过程把高级编程语言转换成面向特定处理器的可执行代码，从而可在处理器上运行。图 1.10 以一个 C 程序 hello.c 为例说明了编译器工作步骤示意图。预处理过程对 C 程序中的#include 语言进行处理，将 stdio.h 文件插入源程序，修改生成新的源程序 hello.i。编译过程将程序 hello.i 转化成汇编程序 hello.s。图 1.11 显示了由 gcc 编译器生成的汇编程序，从中可以看到在位置 L_.str 定义了需要显示的字符串信息"Hello World!\n"，主程序将字符串"Hello World!\n"的地址传递给_printf 子程序，然后调用_printf 子程序用于显示。在同一处理器上可以用不同的高级编程语言进行编程，但是在经过编译之后，不同高级编程语言产生的汇编程序是一致的。汇编过程将 hello.s 汇编程序转化成可重定位目标程序。最后通过链接过程将 printf.o 和 hello.o 合并起来生成可执行目标文件 hello。

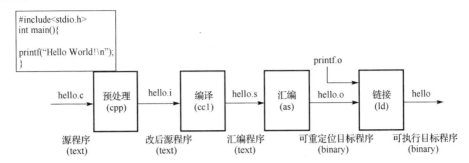

图 1.10　编译器将从高级语言程序 hello.c 转变成可执行程序 hello

```
        .section        __TEXT,__text,regular,pure_instructions
        .macosx_version_min 10,11
        .globl  _main
        .align 4,0x90
_main:                          ## @main
        .cfi_startproc
## BB#0:
        pushq   %rbq
Ltmp0:
        .cfi_def_cfa_offset 16
Ltmp1:
        .cfi_offset %rbp,-16
        movq    %rsp, %rbp
Ltmp2:
        .cfi_def_cfa_register %rbq
        subq    $16, %rsp
        leaq    L_.str(%rip), %rdi      ◄── 准备需要显示的字符串的地址给_printf子程序
        movb    $0, %al
        callq   _printf                 ◄── 调用_printf子程序
        xorl    %ecx, %ecx
        movl    %eax, -4(%rbp)          ## 4B Spill
        movl    %ecx, %eax
        addq    $16, %rsp
        popq    %rbq
        retq
        .cfi_endproc

        .section        __TEXT,__cstring,cstring_literals
L_.str;                         ## @.str
        .asciz  "Hello World!\n"        ◄── 需要显示的字符串信息

.subsections_via_symbols
```

图 1.11　由 gcc 编译器生成的汇编程序 hello.s

操作系统是另一个关键的软件技术。作为应用软件和处理器硬件之间的一个中介，操作系统能把复杂的处理器硬件抽象成一个相对简单而统一的系统，从而简化应用软件的工作负荷，提高系统的效率。操作系统对处理器的两个最重要的抽象是进程(process)和虚拟存储(virtual memory)。进程是对运行的程序的抽象，赋予该程序运行所需要的处理器、存储、输入、输出等资源，使得每个进程都获得了独占整个处理器系统的假象。一个系统可以同时运行多个进程，进程之间相对独立不共享数据，进

程之间的切换由操作系统控制。与进程密切关联的一个概念是线程(thread)，可视为轻量级的进程。一个进程可包含若干线程，线程间共享数据。多线程的一个非常重要的应用是多核处理器，将多个线程对应到多个处理器核中并行运行，可极大地提高系统的性能。虚拟存储是对存储器的抽象，各个进程都有一个统一的地址空间以便于程序编译及系统管理。处理器进行存储访问时需要将虚拟地址转换成实际的物理地址。从 20 世纪 80 年代的 DOS 操作系统开始，操作系统经历了多次重大的发展，目前，个人计算机领域中 Windows 为主，服务器领域 Linux、UNIX 占重要地位，手机操作系统主要包括 Google 开放的 Android 系统和苹果公司相对封闭的 iOS 系统。

在软件发展过程中，另一个非常重要的技术是图形化用户界面，具体包括视窗、鼠标、图标等。简单、易用、美观的图形化界面极大地扩大了用户群体，成为个人计算机普及的一个关键因素。首个个人计算机用的是 MS-DOS 操作系统，其界面采用指令提示符。施乐公司开发了图形化用户界面的雏形，又经过苹果公司的麦金塔(Macintosh)和微软公司的 Windows 发扬光大。图 1.12 显示了从首台个人计算机的指令用户界面到后续若干重要可视化用户界面的演进。

(a) 1981年个人计算机DOS用户界面

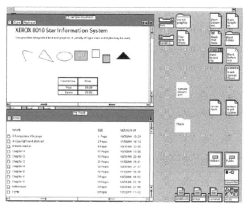

(b) 1981年施乐公司的可视化界面

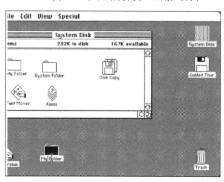

(c) 1984年苹果Mac计算机可视化界面

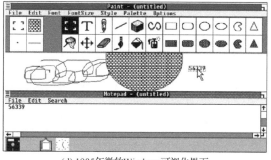

(d) 1985年微软Windows可视化界面

图 1.12　若干重要的计算机用户界面

对集成电路和计算机的历史感兴趣的读者可以参阅一些书籍，如文献[8]。

1.1.2 微处理器的参数指标及应用领域的巨大变化

在集成电路工艺制造技术、处理器设计技术、软件技术等的合力推动下，处理器发展迅猛，主要包括如下几方面的变化：①时钟频率及性能不断提升，但 2005 年左右开始出现了功耗的制约；②存储容量不断提高但存储访问速度即存储墙问题严重；③从单核处理器转变为多核处理器；④数据位宽不断增长；⑤应用领域不断丰富。

1. 时钟频率、性能、功耗的提升及挑战

时钟频率(也称为主频)是处理器最重要的指标之一，是处理器性能的标志。如果每个时钟周期执行一条指令，1GHz 的时钟频率意味着该处理器执行一条指令需要 1ns，或者说 1s 可以执行 10 亿条指令。图 1.13 是 1985～2015 年处理器时钟频率的变化[9]，从 20 世纪 80 年代的十几兆赫兹提升到目前的 4GHz 左右。可以看到，其中一个关键节点是 2005 年左右开始时钟频率停滞不前，其主要原因是处理器的功耗随着时钟频率及芯片集成度的上升而持续上升，已到了芯片可承受的极限，反过来抑制了处理器频率的提高。

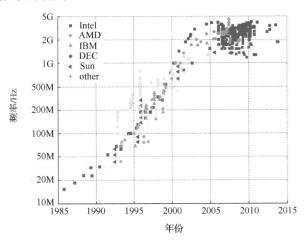

图 1.13　1985～2015 年处理器时钟频率的变化[9]

此外，处理器的性能并不是简单地由时钟频率决定，还与其他许多因素，如指令集的功能强弱、存储器的容量和速度、流水线设计、超标量指令并行宽度等很多因素有关系。最近十余年，时钟频率的提高已停滞，超标量指令集并行技术遇到瓶颈，存储墙问题严重，处理器性能的提升主要通过多核处理器等手段实现。值得一提的是，这些技术对性能的影响无法像时钟频率一样简化为一个指标，而是需要依

赖实际应用的运行情况来判定。由于实际应用种类过于复杂，产业界和学术界建立了一些基准应用（benchmark），通过运行这些基准应用来判定处理器的性能。比较重要的基准应用包括：针对桌面处理器的 SPEC（standard performance evaluation corporation）、针对嵌入式处理器的 EEMBC（embedded microprocessor benchmark consortium）以及针对超级计算机的 LINPACK 等。

　　随着处理器的性能及集成度的不断提升，处理器的功耗急剧上升。目前的高性能处理器的功耗普遍达到近 200W，这会在处理器芯片内产生巨大的热量。为了保证其正常工作，必须使用非常昂贵的芯片封装、散热和制冷器件，芯片功耗已达到了极限。此外，手机等移动设备发展迅速，而处理器是这些设备中的主要耗电器件，降低处理器的功耗对这些设备的待机续航能力有极大的好处。与功耗指标基本等同的另一个指标是功耗密度。如图 1.14 所示[9]，20 世纪 80 年代处理器功耗密度仅 30mW/mm^2 左右，以 100mm^2 面积为例来计算则处理器芯片功耗约 3W。2005 年左右，处理器功耗密度达 1W/mm^2，以 200mm^2 面积为例来计算则高性能处理器功耗约 200W。处理器的功耗及功耗密度从 2005 年左右开始不再上升（甚至略有下降），并反过来制约处理器时钟频率，使其不能再继续提升。

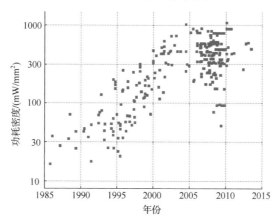

图 1.14　1985～2015 年处理器功耗密度的变化[9]

2. 存储容量的不断提高及存储墙的挑战

　　处理器性能的提升也伴随着存储容量的不断提升。表 1.3 是处理器内存（通常是 DRAM）价格、访问延迟、容量的变化[10]。1985～2015 年，DRAM 单位容量的价格下降为 1/44000，容量提升了 62500 倍。但是，DRAM 的访问速度只提高了大约 10 倍。由于处理器本身的速度成百上千倍地提高，内存的速度相对明显变慢，存储的读写成为处理器系统的瓶颈。图 1.15 更清楚地显示了这个情况，DRAM 速度和处理器速度之间存在一个巨大的鸿沟，这个现象称为存储墙。一个解决存储墙问题的方案是采用不断加大的缓存。缓存越大，可存储的数据就越多，需要访问内存的概率就越小。因此，缓存的容量也在不断增加。

表 1.3　处理器内存(DRAM)价格、访问延迟、容量的变化[10]

参数	1985 年	1990 年	1995 年	2000 年	2005 年	2010 年	2015 年	1985 年∶2015 年
每 MB 价格/美元	880	100	30	1	0.1	0.06	0.02	44000
访问延迟/ns	200	100	70	60	50	40	20	10
容量/MB	0.256	4	16	64	2000	8000	16000	62500

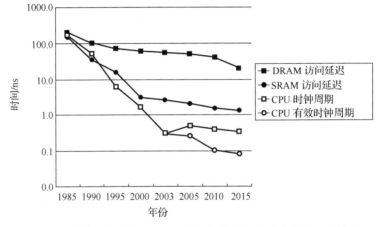

图 1.15　存储墙问题：DRAM 速度与处理器速度存在巨大的鸿沟

3. 核数的增加

由于处理器面临功耗的严峻挑战，2005 年左右开始，以 Intel 为代表的处理器企业全面采用多核处理器，即通过增加处理器芯片内核的数量来提升处理的性能。多核处理器也带来了一系列新的技术挑战，例如，如何设计或选择适于多核的处理器核心；是采用一种处理器核的同构结构还是采用多种处理器核的异构结构；核间互联及通信问题，传统的总线方式很难扩展到几十、上百个核心，需要新的片上互联方案；核间同步问题；缓存一致性问题；存储结构的问题；动态电压及频率调整等功耗管理的问题；任务并行划分的问题等。

多核处理器产生初期，许多观点认为单芯片核的数量会如摩尔定律一样呈指数增长。图 1.16 是 2000～2016 年发表在国际固态电路会议(International Solid-State Circuits Conference，ISSCC)上的处理器的核数[11]，可以看到大部分处理器(主要是通用处理器)的核数基本停留在十几个核。通用处理器的核数增长不如预期迅速的主要原因在于其面向的许多应用无法有效地划分到许多核上并行执行，限制了多核处理器的效率。

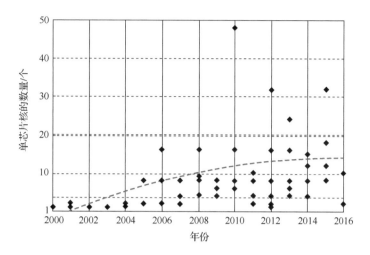

图 1.16 2000~2016 年发表于 ISSCC 上的处理器的核数[11]

但是，针对某些特殊应用领域的"领域专用"处理器已经集成几百上千个核，例如，面向图像处理的 GPU 以及面向科学计算的超级计算机。中国独立设计的申威处理器集成了 260 个核，应用于超级计算机"神威·太湖之光"（一度排名全球第一）。而 Google 公司推出的张量处理器(tensor processing unit，TPU)(图 1.17)集成了 64000 个乘累加单元(multiplier and accumulate，MAC)。

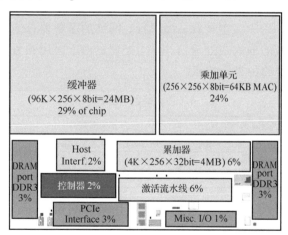

图 1.17 Google TPU，集成 64000 MAC 单元[12]

4. 数据位宽的不断增长

数据位宽也称为字长，通常指处理器寄存器堆的数据宽度。数据位宽决定了处理器加、减、乘、除等运算数据的位宽，增加数据位宽可以提高数据的范围及精度，或是更有效地利用 SIMD 数据并行能力。数据位宽也决定了存储地址宽度及可寻址的存储容量。例如，8 位、16 位、32 位处理器的可寻址存储容量分别为 $2^8=256B$，$2^{16}=64KB$，$2^{32}=4GB$。64 位处理器理论上可支持的存储容量是 $2^{64}B$，但实际中还无法用到这么大的内存，目前 64 位 Windows 操作系统最大只支持 128GB 的内存。

处理器的数据位宽呈不断增长的势态。1971 年的首个处理器 4004 数据位宽仅 4 位。1972 年的 8008 是首个 8 位处理器。Intel 公司 1978 年推出的 8086 是首个 16 位微处理器，被 IBM 个人计算机所采用。1985 年的 80386 是首个 32 位处理器。

目前的个人计算机处理器及智能手机处理器普遍采用 64 位数据位宽。64 位处理器的历史可以追溯到 20 世纪 60 年代 IBM 开发的超级计算机。而个人计算机 64 位处理器的尝试开始于 2001 年。Intel 公司开发了与 x86 结构不兼容的 64 位安腾（Itanium）处理器，但以市场的失败而告终。AMD 在 2003 年推出 64 位 x86 处理器，大获成功，其在个人计算机处理器市场的份额一度接近 50%。Intel 被迫在 2004 年推出了 64 位 x86 处理器，并再次拉大了与 AMD 的差距。64 位智能手机处理器始于 2013 年的 iPhone 5s，并逐步扩展到其他智能手机。

5. 应用领域的不断丰富

世界上第一款处理器 4004 是 1971 年 Intel 为日本 Busicom 公司设计的，用于计算器。目前的处理器种类繁多，应用领域广泛，主要包含用于个人桌面计算机和笔记本电脑的处理器，用于大型计算，如银行、网络的服务器（server）处理器，以及用于手机、汽车等领域的嵌入式处理器。不同处理器由于应用领域不同，特点也不同。表 1.4 列举了处理器的种类及特点。

表 1.4　处理器的种类及特点

项目	个人计算机处理器	服务器处理器	嵌入式处理器
用途	桌面计算机、笔记本电脑	银行、网络等大型计算	手机、汽车等应用
代表性公司	Intel、AMD	Intel、IBM	ARM、MIPS
关键指标	性价比、图形处理能力	性能、稳定性、可扩展性	价格、功耗、特定领域的性能

1978 年，IBM 的首台个人计算机采用了 Intel 公司的 8086 处理器，从而使处理器成为个人计算机的核心部件，也开启了 Intel 在个人计算机及芯片领域的辉煌。用于个人计算机的处理器主要关注性价比、图形处理能力等。个人计算机处理器由 Intel 垄断，AMD 占有一定的份额。目前个人计算机的销售量每年在 3 亿台左右，已基本趋于饱和，也促使 Intel 和 AMD 试图进入其他市场。

服务器面向企业级的客户，对性能、稳定性、可扩展性的要求比个人计算机要高，价格也较高。Google、百度、阿里巴巴等企业需要巨大的数据存储量及运算能力，推动了服务器的快速发展。目前，Intel 在服务器处理器领域占据垄断性的地位，但也面临一定的竞争，例如，AMD 试图基于其 x86 处理器进入服务器领域；IBM 的基于 Z 处理器的大型机在银行等领域占据较高的份额，基于 IBM Power 处理器的服务器在性能上有较为明显的优势；ARM 公司联合高通等公司也试图把 ARM 处理器推向服务器市场。

嵌入式处理器正以非常迅猛的趋势增长，智能手机、路由器、电子游戏机、汽车等都需要多个嵌入式处理器作为其关键部件。嵌入式处理器无所不在，对人们生活的影响力已超越个人计算机处理器。相对于个人计算机处理器，嵌入式处理器对功耗要求更加严格。目前，ARM 处理器是嵌入式处理器领域的霸主，基本所有的智能手机都采用 ARM 处理器。与 Intel 出售独立式芯片的模式不同，ARM 通常以 IP 的形式存在。由苹果公司发起的智能手机的变革极大地推动了集成电路及整个信息产业的发展，但是经过 10 余年的持续增长，智能手机的增长性也已开始放缓。除了智能手机领域，其他嵌入式领域呈现出了更多的多样性。例如，MIPS 处理器主要用于物联网、消费类、汽车等领域，国内的"龙芯"处理器采用的也是 MIPS 指令集；恩智浦在汽车电子领域具有较大优势；瑞萨（RENESAS）在无线网络、汽车、工业控制、消费类等领域均有较好的产品。

此外，DSP 处理器（数字信号处理器）有时也作为一种处理器，广泛用于需要较大数据运算量的场合，其主要注重的是数据并行计算的能力，代表性 DSP 包括德州仪器（TI）的 DSP、Cadence Tensilica 公司的 DSP IP 以及 CEVA 公司的 DSP IP。

1.1.3　若干微处理器发展的例子

Intel 于 1971 年发布全球第一个基于集成电路的微处理器 4004（图 1.18（a）），开创了现代处理器产业并极大地提升了整个信息产业的水平。1978 年 Intel 发布 8086 处理器，是首个 x86 处理器。1985 年 Intel 发布 80386 处理器，集成了 275 万个晶体管，时钟频率为 $16\sim33$MHz，数据位宽为 32 位。1993 年 Intel 发布奔腾处理器（图 1.18（b）），采用 0.8μm 工艺制造，集成 300 万个晶体管，面积为 300mm^2，时钟频率为 60MHz，数据位宽为 32 位。跟 Intel 4004 处理器相比，奔腾处理器的晶体管个数增加了 1000 倍，时钟频率提高了 150 倍。2006 年至今，是酷睿系列处理器的时代。2006 年发布的酷睿双核 CPU（图 1.18（c）），晶体管数量已经超过 10 亿个，时钟频率超过 3GHz。

在众多处理器中，Intel 的 x86 系列处理器具有最重要的地位，且目前仍然是处理器的最主流产品。但 x86 处理器并不是最优秀的处理器架构，其空前的成功来自于技术和市场的结合。由于第一代 x86 产品 8086 被 IBM PC 所选用，而 IBM PC 成为事实上的个人计算机标准，使得 x86 成为市场的主流。此后，x86 一直坚持向后兼容性（新的处理器可以运行老的程序），虽然这个由市场需求决定的设计方法常被批评，但是却成为 x86 成功的最重要的原因之一。此外，在较新的微架构中，x86 处理器会把 x86 指令转换为更像 RISC 的微指令再予以执行，从而获得更优的性能功耗比。

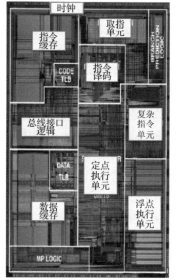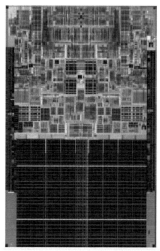

(a) 全球第一个处理器 4004 (1971 年)　(b) 奔腾处理器 (1993 年)　(c) 双核处理器 Core 2 Dual (2006 年)

图 1.18　Intel 公司的若干处理器

　　除了 Intel 继续占据处理器市场的主导地位之外，最近几年 ARM 发展迅速，成为嵌入式处理器领域的领头羊。ARM 处理器采用 RISC 架构，相对于 Intel 处理器而言，它一般具有体积小、功耗低、成本低等优点。虽然它的性能无法和 Intel 处理器相比拟，但是非常适合嵌入式处理这个关注功耗和成本的领域。此外，ARM 处理器还具有其他一些特点，例如，大多数数据操作都在寄存器中完成；寻址方式灵活简单，执行效率高。第一个 ARM 处理器产生于 1985 年，工作频率为 6MHz。1993年推出了 ARM7，3 级流水，时钟频率为 100MHz 左右，性能为 0.9MIPS / MHz，支持 Thumb (16 位) 和 32 位双指令集。1997 年推出了 ARM9，5 级流水，时钟频率为 200MHz 左右，性能为 1.1MIPS / MHz，并加入了内存管理单元 (memory management unit，MMU)，开始正式进入微处理器领域。2004 年开始，ARM 处理器以 Cortex 系列命名，分成 Cortex-A、Cortex-R、Cortex-M 三个系列[13]，分别支持操作系统的高性能应用，如智能手机数字电视；高性能实时嵌入式应用，如汽车及打印机以及低成本微控制器应用。由于 ARM 公司独特的 IP 授权模式，各大公司会基于 ARM 处理器进行一定的改造，形成自己的产品。例如，苹果 iPhone 8 智能手机使用的是苹果自主设计的 64 位 A11 处理器，基于 ARMV8-A 指令集架构。该处理器包括 2 个高性能内核及 4 个低功耗内核，还包括 GPU 和神经网络加速器，采用 TSMC 10nm 工艺制造，面积为 89mm^2，其性能已接近 Intel 的高端 CPU。而华为公司的麒麟 970 处理器包含基于 ARM 指令集架构的 8 核 CPU，并内置了神经网络加速器，也是采用 TSMC 10nm 工艺制造的。

国内在处理器领域的发展起步于 2000 年左右，在政府的大力推动下，出现了一系列处理器方面的成果。但是，与 Intel、ARM 这类大公司相比，我国在处理器方面的企业和研究机构都还很小。一方面是因为我们在技术层面上还较为落后，基本采用跟踪国际先进技术的方式；另一方面是因为我们还缺乏 Intel、ARM 等国际大公司已经建立起来的完整的处理器生态系统。

1.1.4　集成电路制造及微处理器设计面临的挑战和机遇

1. 集成电路制造面临的挑战

集成电路制造和摩尔定律面临技术及成本的严峻挑战。目前最先进的制造工艺尺度已突破 7nm，2020 年将达到 2nm 左右，仅 10 个原子的尺度，实现这个尺度的器件将面临空前的技术挑战。从成本的角度，目前一个先进芯片制造厂的投资需上百亿美元，存在巨大的盈利压力。更为严重的是，目前的工艺节点已改变了单个晶体管的制造成本随着工艺尺寸的减小而不断下降这一长期坚守的规则。如图 1.19 所示[14]，器件尺寸缩小到 20nm 后，单个晶体管的制造成本不降反升。这个变化使得采用更先进工艺的优势进一步降低。2016 年 2 月 *Nature* 杂志预测摩尔定律行将结束[15]，进入后摩尔——More than Moore 时代。

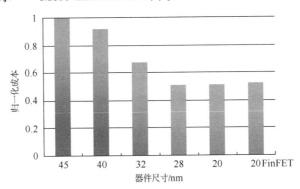

图 1.19　集成电路每个晶体管的制造成本随工艺的变化[14]

2. 微处理器设计面临的挑战

微处理器设计也面临严峻挑战。1.1.1 节列举的处理器设计关键技术缺乏进一步提高的空间。如高性能处理器的流水线停滞于 20~30 级，低功耗处理器的流水深度少于 10 级；超标量处理器的宽度通常少于 10 条指令；缓存通常包含 L1、L2、L3 级；通用多核处理器的核数通常少于 20 个。

从 1.1.2 节所显示的处理器参数指标也可以看到处理器发展明显变缓：时钟频率停滞在 3GHz 左右；功耗密度停滞在 $1W/mm^2$；存储墙问题得不到明显改善；数据位宽已达 64 位，短期内还无法充分利用。

3. 微处理器发展的机遇

虽然面临严峻挑战，但是微处理器的发展仍然具有很多新的机遇，包括以下几方面。

(1) 从技术推动转变成应用驱动。摩尔定律是利用技术推动应用的发展，不断提高的芯片集成度及性能使得应用可以更有效、更快速地运行。而将来更多的会是应用拉动技术的发展，从新应用的需求出发，去发展所需的器件及芯片。移动互联网的爆发带动了以 ARM 为代表的嵌入式处理器的发展；大数据云计算应用的发展带动了服务器芯片的发展。可以预见，人工智能、物联网等应用的发展会促进微处理器的新发展。

(2) 与第一点应用驱动紧密相关，未来微处理器将从通用处理器一家独大转变成领域专用(domain specific)处理器的百花齐放。通用处理器虽然具有良好的灵活性，但是它的性能和功耗效率具有天然的局限性。为了大幅提升性能和功耗效率，需要面向某些特定应用领域设计相对专用的处理器。目前的人工智能处理器就是一个非常好的例子。第 4 章将重点讨论相关内容。

(3) 研究非冯·诺依曼的计算机体系结构，弥补冯·诺依曼结构所导致的存储墙、串行计算的缺点，如计算与存储融合的结构(2.4 节会详细介绍)、类脑芯片等。

(4) 利用 3D 集成等新的封装技术，从另外一个角度提高芯片系统的集成度。第 5 章将重点讨论相关内容。

(5) 从 CMOS 集成电路向 CMOS 与其他器件混合集成的方向发展，如 CMOS 与非易失器件混合集成可兼具高性能特征及非易失性特征。2.4.4 节将讨论相关内容。

1.2　微处理器的基本组成及工作机理

1.2.1　微处理器的基本组成

处理器的基本框架在 1945 年由冯·诺依曼等提出，也被称为冯·诺依曼结构[6]。这篇划时代的著作定义了现代计算机若干关键设计并沿用至今。

(1) 定义了处理器主要由 5 部分组成：运算器、控制器、存储、输入设备和输出设备(图 1.20)。运算器是处理器中负责完成算术运算(如加、减、乘、除、比较)和逻辑运算(如与、或、非、异或、移位)等操作的部分，它从存储中获得操作数，按照控制器的命令进行对应的运算，然后将结果写入存储。运算器也负责计算数据的存储地址。控制器用于控制处理器各部分的运转，其主要功能是读入程序指令，对指令进行译码，确定指令的功能和需要处理的数据，然后发出所需要的各种控制信号，同时监控处理器运行的状态，完成复位、中断响应等功能。存储模块用于程序指令及数据的存储。输入、输出设备主要用于处理器与外部设备之间的交互。这些外部设备的结构、速度、信号形式和数据格式等各不相同，需要经过特定的转换模块后才能与处理器连接。

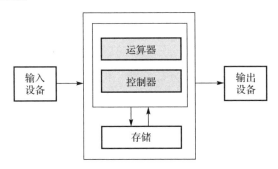

图 1.20　冯·诺依曼处理器结构

(2) 采用二进制进行数据表达及运算。虽然这个二进制方式是基于当时的真空管特性而决定的，但在以晶体管为基础的集成电路时代，二进制仍然是最佳的表达和运算方式。

(3) 指令置于存储器中，并按顺序获取与执行。

(4) 设计了利用外部时钟来控制单元器件工作的"同步"处理机制。

(5) 处处体现了跟人工神经网络的比较和思考，对目前人工智能的发展仍具有重要的借鉴价值。

经过几十年的发展，处理器设计技术不断进步。其中一个较为主要的变化在于存储呈现出越来越多的层级。目前的处理器至少包含三层存储，首先是寄存器堆，其容量只有几十或几百字节，但是速度快，能在一个时钟周期之内完成读写，并且支持多端口同时读写数据。然后是缓存，通常是几万至几百万字节，访问速度为几个时钟周期。处理器芯片之外还有主存，容量为几百万至几十亿字节，访问速度通常是几十个时钟周期。存储采用阶层结构的原因主要是主存存储器的速度相对处理器运算速度增长缓慢，处理器可以非常迅速地完成数据的运算，但是需要耗费大量的时间进行数据的读取和写入，存储器成为处理器系统性能提高的瓶颈。另外，处理器系统具有天然、良好的局部性，程序把 90% 的运算时间花费在了约 10% 的指令和数据上。由此产生了缓存的基本理念：把关键的指令和数据复制在相对小而快的缓存中，从而主存存储器的读写可基本局限在缓存中，以兼得小存储的高速和大存储的容量。

　　存储体系结构的另一个变化是指令存储和数据存储的关系。在冯·诺依曼结构中，指令和数据共用一个存储器，当需要同时访问指令和数据时，存储器通常无法支持两个读操作同时执行，从而影响性能。为减少指令访问和数据访问之间的冲突，出现了把指令存储与数据存储分开的哈佛结构。目前通常的做法是在第一级缓存（L1 Cache）中把指令缓存和数据缓存分开，而在其他层次中再把指令存储和数据存储融合在一起，可以看作冯·诺依曼结构和哈佛结构的折中。

　　微处理器存储体系及其电路实现会在第 2 章更详细地阐述。

1.2.2　微处理器的工作步骤

　　不同微处理器的具体工作步骤会有差别，但基本上都会包括如下几个步骤：取指、译码、执行、存储访问、结果写回。

　　取指阶段的主要任务是从存储器中取出指令。处理器中一般含有一个程序计数器，用于表明将要执行的指令在存储器中的位置。一般程序计数器会自动增加，使处理器按顺序依次获取并执行指令，但通过跳转指令可以改变程序计数器的值。

　　指令读取完毕后需要进行指令译码。处理器中的译码器会按照指令集所规定的格式解析指令，提取出该指令的功能、源操作数、目的操作数等信息。然后从寄存器堆中读出操作数，并生成相应的控制信号。

　　执行阶段完成指令的操作。执行阶段会根据译码生成的控制信号及操作数，启动指令所对应的运算单元，得到运算结果。一般处理器中含有多种运算单元，如加减器、乘法器、移位器等。对于需要进行存储器读写的指令，通常是在这个阶段计算存储器的读写地址。

　　对于需要进行存储器读写的操作，RISC 处理器一般采用单独的指令和步骤来完成存储器的读写，通常用 load 指令表示从存储器到寄存器堆的操作，用 store 指令表示从寄存器堆到存储器的操作。这些指令根据执行阶段得到的存储器读写地址，在存储这个步骤中完成读写操作。CISC 处理器可以用一条指令同时完成存储的读取及计算，通常会把存储器读操作放在执行阶段之前完成。

　　最后是写回阶段，该阶段会将执行阶段的运算结果或者存储阶段获得的存储器读结果写回寄存器堆。

　　要充分理解处理器的工作步骤还需要理解计算机系统，理解处理器如何与I/O（键盘、硬盘等）、内存等设备交互完成具体的任务。举一个简单的例子，在 shell界面中用键盘输入"./hello"来运行 hello 程序（假定可执行程序 hello 已存在硬盘中），处理器的工作步骤如下。

　　（1）shell 程序使处理器把"hello"字符串从键盘读到寄存器堆，然后再把这些数据从寄存器堆写到内存，从而使 shell 理解需要执行的应用程序是 hello。

(2) shell 程序使处理器通过 DMA(direct memory access)技术把可执行文件 hello 从硬盘转移到内存。

(3) 处理器一条条顺序执行 hello 程序中的指令，并输出结果。

充分理解处理器和计算机系统的工作步骤可参考文献[10]等相关书籍。

1.2.3　顺序串行执行的指令集结构和乱序并行执行的微结构

每个处理器有自己的指令集结构(instruction set architecture, ISA)，如 x86 指令、ARM 指令、MIPS 指令等。指令集定义了指令长度、格式及功能，也明确了数据类型、寄存器堆大小、存储器地址宽度等信息。指令集的指令长度可以是相同的也可以是不同的。RISC 处理器通常采用固定的指令长度以简化指令译码及控制；CISC 处理器通常具备多种指令长度，提高了灵活性，但是也增加了控制复杂度。指令的功能通常包含加法、减法及乘法等运算指令，跳转等控制指令，存储读写等数据搬运指令以及协处理器指令。程序由一系列指令构成，存放在指令存储器中，程序运行时按顺序一条条串行地读取指令并执行。指令集结构是处理器的一种抽象模型，是处理器硬件和软件之间的一个联系接口。对编程者(软件)来说，可以在不了解处理器具体硬件实现方式的情况下，依照指令集来确定程序的功能。

指令集之下隐含着处理器具体的硬件实现方式，称为处理器的微结构(micro architecture)。不同的处理器(或者是同一处理器的不同版本)可以有不同的硬件实现方式，如制造工艺、流水线深度、超标量指令发射宽度、缓存容量、寄存器堆的电路设计、加法器 / 乘法器等运算单元的电路设计等，并导致不同的性能、功耗、面积、成本等参数指标。由于采用了指令并行、数据并行等不同的具体实现方式，实际的指令执行过程是并行的、乱序的。但是，不管处理器硬件实现方式怎样，其运行程序的结果必须跟指令集结构的结果一致。图 1.21 是指令集结构及处理器微结构关系的示意图。

图 1.21　指令集结构及处理器微结构的关系

1.3　微处理器若干关键技术概述

微处理器有许多关键技术，本节将概述若干关键技术，包括指令集、流水线、指令并行及超标量处理器等。

1.3.1　指令集

计算机指令集结构是软件和处理器硬件之间最主要的联系接口。所有的处理器指令集均需要完成运算、控制、数据搬移等基本功能，可具有不同的操作数获取方式。处理器指令集主要有 RISC 和 CISC 两大思想。

1. 指令的功能类型及其使用频率

虽然处理器指令集多种多样，但各个指令集支持的功能类型大同小异。表 1.5 是主要的指令功能类型。

表 1.5　主要的指令类型及说明

指令类型	基本格式	基本格式说明	基本功能
算术及逻辑运算	op src1, src2, dest 或 op src, dest	op 表示运算类型，src1、src2、src 表示源操作数，dest 表示目标操作数	对一个或多个源操作数进行加、减等运算，然后放入目标操作数地址
数据搬移	mov src, dest	src 表示源操作数，dest 表示目标操作数	把数据从源操作数地址搬移到目标操作数地址
控制指令	jmp cond, dest	cond 表示条件，dest 表示目标程序地址	根据条件确定需要跳转到哪个程序地址

除了表 1.5 中所列的指令类型外，基本所有的处理器均有系统指令(如 system call、虚拟存储等)和浮点运算指令。此外，许多处理器还有 SIMD 指令。Intel 处理器的 SIMD 指令一开始称为 MMX 指令，后扩展为 SSE 指令集，主要包括浮点 SIMD 指令、整数 SIMD 指令、SIMD 浮点和整数数据之间的转换，数据在 MMX 寄存器中转换等几大部分。AMD 的 SIMD 指令称为 3DNow！指令。

绝大部分应用大部分时间只使用几类最常用的指令。表 1.6 是主要指令类型的使用频率[16]。可能让人比较意外的是，数据搬移是使用频率最高的指令类型，再加上内存访问速度相对较慢的因素，使得存储访问成为处理器性能提升的瓶颈。提高存储访问速度和降低存储访问频率是提升处理器性能的关键所在。条件跳转也是使用频率较高的指令，并且每次条件跳转会产生一定的控制冲突，使得条件跳转对性能的影响也较大。

表 1.6　主要指令类型的使用频率

指令类型	使用频率
算术及逻辑运算	比较(16%)、加法(8%)、减法(4%)、与(6%)，合计约 34%
数据搬移	load(22%)、store(12%)、寄存器-寄存器(4%)，合计约 38%
控制指令	条件跳转(20%)、call(1%)、return(1%)，合计约 22%

2. 操作数获取方式

表 1.5 中的操作数可具有不同的来源。根据处理器指令获取操作数的方式可把指令集结构分为堆栈型(操作数来源于堆栈)、累加器型(其中一个操作数来源于累加器)和通用寄存器型(操作数来源于寄存器堆或存储器)[16]。堆栈型及累加器型指令寻址方式单一，结构简单，被早期很多处理器采用，但是它们的寻址方式不够灵活，程序效率低。而通用寄存器型指令寻址方式灵活，性能较好，是现代主流的指令集结构。

通用寄存器型指令集可进一步细分为三种类型：①寄存器-寄存器型(也称为load/store 型)，其所有算术逻辑单元(arithmetic logic unit，ALU)指令都不包含存储器操作，只有 load/store 指令才具有存储器操作数；②寄存器-存储器型，其 ALU 指令可包含一个存储器操作数；③存储器-存储器型，其 ALU 指令可包含多个存储器操作数。这三种指令集结构的优缺点如表 1.7 所示。

表 1.7　三种通用寄存器型指令集结构的优缺点

指令集结构类型	优点	缺点
寄存器-寄存器型	简单，指令字长固定，各种指令的执行时钟周期数相近	指令条数多，目标代码量较大
寄存器-存储器型	指令功能较强，目标代码量较小	指令编码相对复杂；指令执行周期数区别较大
存储器-存储器型	是一种最紧密的编码方式，无需寄存器保持变量	指令字长多种多样；指令执行周期数大不一样；易形成存储器频繁访问的瓶颈

通用寄存器型指令集一般利用寻址方式指明指令中的操作数来源，可以是一个常数、寄存器操作数或者存储器操作数。存储器操作数包含多种寻址方式，如寄存器寻址(用寄存器堆中的数值作为地址)、立即数寻址、偏移寻址(寄存器堆中的数值再加立即数偏移量)、寄存器间接寻址等多种方式。

3. RISC 和 CISC

指令类型使用频率以及操作数获取方式的巨大差异很大程度上导致现代两大指令集的形成，即 CISC 和 RISC。

CISC 处理器尽量使用功能较强的指令，减少程序的指令数，实现软件功能向硬件功能转移。初期的处理器基本都采用这个思路，如 x86、C51。事实上，CISC 这个名称也是后来由 RISC 研究人员定义的。

在 20 世纪 70 年代后期，人们感到日趋庞杂的指令系统不仅不易实现，而且还有可能降低系统效率。以 IBM 的 John Cocke、加利福尼亚大学伯克利分校的 David

Patterson 以及斯坦福大学的 John Hennessy 为代表的一批科学家对指令集结构的合理性进行了深入研究，提出了 RISC 结构的设想。RISC 结构的核心思想是降低指令集结构的复杂度，使计算机体系结构更加简单、合理和高效，提高计算机系统的速度、性能及功耗效率。代表性 RISC 处理器包括 ARM、MIPS、PowerPC 等。值得一提的是，John Cocke 因编译器及 RISC 处理器等方面的贡献获得了 1987 年度图灵奖，而 David Patterson 和 John Hennessy 因为对 RISC 处理器的系统的、量化的设计及分析而获得 2017 年度图灵奖。

RISC 结构遵循如下原则：①选取使用频率较高的指令和一些必要的指令，摒弃那些使用频率低的且不是必须具备的指令。例如，表 1.6 中的算术及逻辑运算、数据搬移、控制指令使用频率较高，系统指令（system call、虚拟存储等）和浮点运算指令虽然使用频率较低但是属于必须具备的功能。而还有些指令如十进制数据运算使用频率并不高并且也不是必需的。②每条指令的功能应尽可能简单，并在一个机器周期内完成。③指令长度相同。④只有 load/store 操作指令才访问存储器，其他指令操作均在寄存器之间进行，也就是表 1.7 中的寄存器-寄存器型，以此来简化指令结构和寻址方式。

RISC 处理器在 1980 年推出时与当时主流的 CISC 处理器产生了激烈的争论，但后来更多的是两种设计理念相互借鉴、相互融合。例如，ARM7 处理器借鉴 CISC 处理器的理念引入了 Thumb 扩展指令，使 ARM7 指令有两类长度。而 Intel x86 处理器借鉴 RISC 处理器的思路，采用微代码的方式，在内部把一些复杂的 x86 指令转化成若干条相对简单的指令，从而简化控制，提高运行时钟频率。

1.3.2 流水线

1. 处理器流水线技术的基本概念

基本所有的处理器均采用流水线技术来提高性能。类似于工业流水的概念，把处理器指令操作过程分成多个步骤，多条指令重叠操作，从而提高了执行效率。流水线首先取决于处理器工作步骤的划分。按 1.2.2 节的描述，最基本的流水技术可以按照图 1.22(a) 的工作步骤划分。

(1) 取指(IF)：根据程序计数器从存储器中取出指令。

(2) 译码(ID)：解析指令生成相应的控制信号，并从寄存器堆中读出操作数。

(3) 执行(Ex)：完成加、减、乘等运算操作。

(4) 存储(Mem)：对于 load/store 指令进行存储器读写。

(5) 写回(WB)：将执行阶段或者存储阶段获得的结果写回寄存器堆。

图 1.22(a) 显然不是处理器工作步骤的唯一划分方式。例如，另一种 5 级流水线的划分方案如图 1.22(b) 所示，分为取指、译码、取操作数、执行、写回。与图 1.22(a)

相比，该方案增加了取操作数的步骤，而去掉了存储步骤，适用于 1.3.1 节中描述的 ALU 操作指令可包含存储器操作数的情形。

实际的处理器流水线深度通常会超过 5 级，如 AMD AHL 470V/7 具有 12 级流水线，如图 1.22(c) 所示。这个方案中，取指令的工作又细分为 3 个步骤，第一级是程序计数器的生成，另外两级用于读取指令缓存。取操作数的工作细分成 4 级，第一级读寄存器，第二级生成存储器读取地址，第三、第四级读操作数。另外执行和写回均分成 2 级。增加流水线的深度可以提高处理器的时钟频率，从而提高处理器性能，但也会引入更多的流水线冲突。

图 1.22 处理器工作步骤划分方式

根据工作步骤的划分可以构成流水线。图 1.22(a) 的流水线执行方式如图 1.23 所示。在第 1 个时钟周期时，指令 i 取指。在第 2 个时钟周期时，指令 i 译码，指令 $i+1$ 取指。以此类推，在第 5 个时钟周期，指令 i 进行写回操作，指令 $i+1$ 进行存储操作，指令 $i+2$ 进行执行操作，指令 $i+3$ 进行译码操作，指令 $i+4$ 进行取指操作。5 条指令同时进行流水线不同阶段的任务，从而极大地提高了处理器的性能。最理想的情况下，n 级流水线处理器的性能可达到非流水线处理器性能的 n 倍。

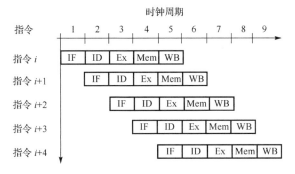

图 1.23 流水线中多条指令并行执行示意图

2. 处理器流水线的冲突及解决方案

最理想的情况下，流水线处理器的 CPI 可以达到 1。但实际中会因为指令之间的相关性产生流水冲突，降低处理器的性能。处理器流水冲突的类型包括结构冲突、数据冲突、控制冲突。

结构冲突是由多条指令想同时占用同一个硬件资源而导致的。例如，处理器在每个时钟周期基本都需要访问指令存储器以读取指令，而存储读写指令(load/store)需要读写数据存储器。如果指令存储器和数据存储器合并在一起由一个单端口存储器实现，则在执行 load/store 指令的过程中会产生存储读写的冲突。为解决这个问题，现有的处理器通常把第一级指令缓存和第一级数据缓存分开，在第二级缓存再把指令和数据存储合起来。

数据冲突来源于几条指令间数据的相关性，如第一条指令所写的结果是后一条指令需要的数据，则容易出现后一条指令需要数据时前一条指令的结果还没写回的情况。如图 1.24 所示，第一条指令(加法)产生的结果 r3 在 WB 阶段(第 5 个时钟)结束才写回，而后面的两条指令分别在第 3 个和第 4 个时钟的开始就需要第一条指令的计算结果 r3(如图 1.24 实线箭头所示)。一个简单的处理方式是后续的指令停止执行，等所需的数据完备后开始执行，但是这个方案显然会极大地降低处理器的性能。解决数据冲突最有效的方式之一是直通(forwarding)，如针对图 1.24 的例子，虽然 r3 是在 WB 阶段才被写回，但事实上这个结果在 Ex 阶段 ALU 就已经计算出来了。所以，如图 1.24 虚线箭头所示，第二条指令可以直接从 Ex 阶段的 ALU 获取 r3 的值，而第三条指令可以从 Mem 阶段的结果获取 r3 的值，均不需要等到 r3 真正写回寄存器堆。数据冲突的另一个解决方案是改变指令的顺序(scheduling)，在有关联的指令之间插入一些无关联的指令来消除数据冲突。此外，图 1.24 所示的数据冲突是写后读(read after write)引起的冲突，也是最常见的数据冲突。在复杂的流水线(如乱序执行流水)中，还会存在读后写(write after read)以及写后写(write after write)引起的数据冲突。

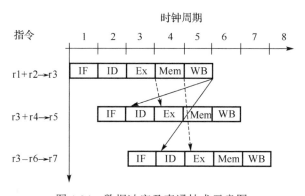

图 1.24　数据冲突及直通技术示意图

控制冲突来源于控制指令(如条件跳转指令)对程序计数器的改变，它导致程序计数器不能简单累加，需要等新地址产生后才能读下一条指令。控制冲突对性能的影响很大，特别是对具有深度流水线的高性能处理器来说，指令地址的跳转会导致多条指令变成无效的，更严重的是，还容易导致跳转后的目标指令不在指令缓存上，引起指令读的缓存缺失（cache miss）。因此，高性能处理器普遍采用跳转预测（branch prediction）等技术，尽量提前得到跳转地址，从而降低控制冲突带来的影响。

流水线冲突的详细介绍可以参阅文献[16]等处理器架构方面的书籍。

3. 流水线处理器的实现

图 1.25 是图 1.22(a) 5 级流水线处理器框图。取值阶段涉及程序计数器和指令存储器，程序计数器作为地址从指令存储器中读取指令。译码阶段涉及译码器和寄存器堆，译码器对指令进行解析并产生各种控制信号（如确定是加、减、乘、load、store 等操作类型），这个阶段还需要从寄存器堆中读取操作数。执行阶段涉及 ALU，它获取操作数并完成指定的算术及逻辑运算。存储阶段涉及数据存储器，load / store 指令对数据存储器进行读和写。写回阶段涉及寄存器，把 ALU 的计算结果或存储器读结果写回到寄存器堆。各级流水线之间插入了寄存器作为数据及控制信号的暂存，从而可以实现多条指令的重叠操作而不影响功能。

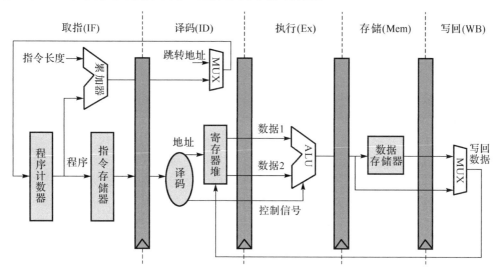

图 1.25　5 级流水线处理器框图

实际处理器的实现方式会比图 1.25 复杂许多。例如，几乎所有的处理器都会采用直通的方式来缓解数据冲突。因此，ALU 操作数的来源将不局限于寄存器堆，还包括执行阶段和存储阶段产生的结果。这个改变在硬件层面需要增加 ALU 输入操作数前的 MUX 以及相应的控制信号。

4. 流水线之间寄存器及锁存器的选择

流水线之间需要一个存储性电路单元用于隔离流水阶段之间的时序，主要分为电平触发的锁存器和时钟边沿触发的寄存器(也称为 FlipFlop)。大部分寄存器由两个锁存器构成，形成一个主从结构。初期的集成电路产品喜欢采用锁存器，以节省面积，但是锁存器的时序控制比较复杂。因此，目前基本采用寄存器，以电路面积为代价来简化时序控制电路。

5. 处理器流水线技术已发展成熟

处理器的流水线技术已发展成熟，基本不存在继续进步的空间，文献[17]从理论和仿真上研究了最优的处理器流水线级数。追求高性能的处理器(如 Intel x86)的流水线通常在 20～30 级达到最高的性能。处理器最小时钟周期(最大时钟频率)为单个流水线组合电路延迟加上流水线寄存器的延迟。增加流水线可以减少组合电路的延迟，但无法改变寄存器的延迟。因此，持续增加流水线级数一方面会导致流水线冲突继续提高，另一方面会导致时钟频率提升幅度逐步减少，从而导致性能无法继续提升。追求低功耗的处理器(如 ARM)的流水线通常在 10 级左右达到最优的功耗效率，继续增加级数虽能提高性能但是会降低功耗效率。

1.3.3　指令集并行及超标量处理器

1. 超标量处理器的需求

流水线技术虽然是一种非常有效的指令集并行技术，但是它具有非常明显的局限性：①简单流水处理器每个时钟只读取一条指令，因此处理器能达到的最优的 CPI 是 1。而且由于流水线冲突，实际的 CPI 都大于 1。20 世纪 80 年代，经过流水线技术的充分发展，CPI 从开始的 5 降低到 1.5 左右，之后便很难进一步发展。②许多指令所需的执行步骤及执行时间不同。为了采用一个相对统一的流水线划分方式来实现所有的指令，有些指令会有很多的停顿周期及相关流水冲突。③通常都是顺序执行，前面指令的停顿会导致后续指令的停顿(即便后续指令与前面的指令无关)，由此产生了许多不必要的流水线停顿。

而以超标量处理器为代表的指令集并行技术试图突破传统流水线技术的局限性，进一步提升处理器性能。基本所有的通用处理器都采用了超标量技术，极大地提升了系统性能，但也导致硬件较为复杂。

除了超标量之外，另一个指令集并行技术超长指令字(very long instruction word，VLIW)利用编译器来静态地判定可并行的指令，把多条指令合并成一个长指令，每次获取一条长指令。超长指令字处理器硬件简单，但对编译器的要

求高，性能通常不如超标量处理器。VLIW 处理器仅用于一些特定的领域，如
数字信号处理(digital signal processing，DSP)。

2. 超标量处理器的实现

图 1.26 是超标量处理器流水线框图。超标量处理器中存在大量的缓冲(buffer)
模块，用于临时数据的暂存及指令和数据的重新组合。

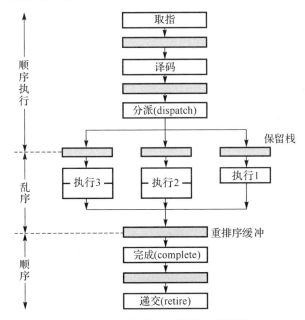

图 1.26　超标量处理器流水线框图

其主要的特征包括：①采用硬件来动态地判定可并行的指令。根据应用程序的
实际情况，可同时获取并执行多条指令，构成多条并行执行的流水线，使得流水线
CPI 可以小于 1。例如，同时可获取并执行 4 条指令的超标量处理器的 CPI 理想情
况下可达 0.25。②不同类型的指令进入不同的流水线，每条流水线具有一定的特殊
性，可具有不同的流水线划分方式。③处理器内部通常采用乱序执行的方式，后面
的指令与前面指令无关时可提前执行，避免了许多不必要的停顿，增加了并行度。
④大多采用许多预测(speculation)的方式来降低流水线的停顿。

对于 N-way 超标量处理器(N > 1)，取指阶段需获取大于或等于 N 条指令。但
是若干因素导致不一定每次都能顺利获取所需的指令，包括：①读指令缓存可能出
现缓存缺失；②CISC 处理器的指令长度通常不固定，难以确定 N 条指令的长度；
③跳转指令导致几条指令不在同一个缓存块(block)里，无法同时获取。为了降低读
指令缓存缺失的概率，指令缓存和数据缓存通常会分开，并且指令缓存的每个块的
容量尽可能大一些。

超标量处理器在译码阶段需要判定指令的数量、指令的类别以及指令之间的相关性，译码器的复杂度跟指令集类型及流水线深度具有密切关联。RISC 处理器的指令通常具有固定的长度，因此能较容易地判断所获取的指令数量及类别，而 CISC 处理器的指令长度通常不固定，判定指令数量及类别的难度会较大。流水线的深度则影响指令间相关性的判定，流水线越深，则判定指令间相关性的难度越大。

根据译码结果，指令会被分派(dispatch)到不同的流水线中执行。由于指令的译码速度和执行速度之间可能存在不匹配的情形，超标量处理器需要一个保留栈(reservation station)用来保存已被译码但还没有被执行的指令。保留栈可以是各条执行流水共享的，也可以是分布式的。由于指令被分派到各个流水线执行，而各个流水线的执行时间不一致，这导致了超标量处理器的执行过程通常是乱序的。

在执行阶段，超标量处理器的多个执行单元(流水线)对若干指令进行运算，获得相应的结果。随着对性能需求的不断提升，超标量处理器的执行单元向更多的并行、更深的流水、更多的类型发展。并行化体现在有数据相关性的执行单元之间采用直通(forwarding)的方式进行数据传递，而不需要等到指令完全执行完毕之后通过寄存器堆或存储器来进行数据传递。更多的执行类型包括定点执行单元、浮点执行单元、存储器 load/store 执行单元、跳转单元以及特殊功能单元等。

超标量处理器的最后阶段需要对各流水线中的结果重新排序，产生最后的结果。这里关键的一点是要把执行过程的乱序转变成生成结果的顺序。需要一个重排序缓冲(recorder buffer)来处理。

3. 超标量技术已发展成熟

超标量和 VLIW 指令集并行处理器基本停滞在 8 路宽度左右，其原因在于大多数应用程序存在的指令相关性限制了可并行执行指令的数量。例如，2002 年就报道了 8 路 VLIW TI C6000 系列高性能 DSP[18]和 8 路超标量 RISC 微处理器[19]，但后续未见更多路指令并行处理器的报道。

超标量处理器的详细介绍可以参阅文献[16]和文献[20]等处理器架构方面的书籍。

1.4　本章小结

处理器是信息时代最重要的产品之一，影响着人类生产及生活的方方面面。现代处理器的基本概念及原型形成于 1946 年的 ENIAC。随着集成电路技术的发明，20 世纪 70 年代出现了微处理器。在集成电路制造、处理器设计、软件等技术的共同支撑下，微处理器的集成度、性能按摩尔定律呈指数发展了近 50 年。虽然目前摩尔定律的发展受到了技术及成本的双重压力，但是我们有理由相信处理器应用的广度和深度还将继续发展。

处理器的基本框架采用冯·诺依曼架构，并遵循指令串行执行的原则。在这个框架及原则之下，处理器在存储、指令集、流水线、超标量、多核等领域都有较大发展。

参 考 文 献

[1]　Moore G E. Cramming more components onto integrated circuits. Electronics, 1965, 32(8): 114-117.

[2]　Holt W B. Moore's law: A path forward. Proceedings of IEEE International Solid-State Circuit Conference (ISSCC), San Francisco, 2016: 8-13.

[3]　Hisamoto D, Lee W C, Kedzierski J, et al. FinFET-a self-aligned double-gate MOSFET scalable to 20nm. IEEE Transactions on Electron Devices, 2000, 47(12): 2320-2325.

[4]　Turing A M. On computable numbers, with an application to the entscheidungs problem. London Mathematical Society, 1937, 42: 230-265.

[5]　Shannon C. A symbolic analysis of relay and switching circuits. Massachusetts: Massachusetts Institute of Technology, 1937.

[6]　von Neumann J. First Draft of A Report on the EDVAC. 1945.

[7]　The Software Quality Company. TIOBE index. https://www.tiobe.com/tiobe-index/[2019-04-01].

[8]　Isaacson W. The Innovators: How a Group of Hackers, Geniuses, and Geeks Created the Digital Revolution. New York: Simon & Schuster, 2014.

[9]　Horowitz M. Computing's energy problem (and what we can do about it). Proceedings of IEEE International Solid-State Circuit Conference (ISSCC), San Francisco, 2014: 10-14.

[10]　Bryant R, OHallaron D. Computer Systems, A Programmer's Perspective. 3rd ed. New York: Pearson, 2015.

[11]　ISSCC Technical Committee. ISSCC 2016 Trends. 2016.

[12]　Jouppi N P, Young C, Patil N, et al. In-datacenter performance analysis of a tensor processing unit. Proceedings of ACM/IEEE International Symposium on Computer Architecture (ISCA), Toronto, 2017: 1-12.

[13]　ARM. ARM Products. https://www.arm.com[2019-04-01].

[14]　Su L T. Architecture the future through heterogeneous computing. Proceedings of IEEE International Solid-State Circuit Conference (ISSCC), San Francisco, 2013: 8-11.

[15]　Waldrop M M. The chips are down for Moore's Law. Nature, 2016, 530(7589): 144-147.

[16]　Hennessy J, Patterson D. Computer Architecture: A Quantitative Approach. 4th ed. San Francisco: Morgan Kaufmann, 2011.

[17]　Hartstein A, Puzak T R. The optimum pipeline depth for a microprocessor. Proceedings of Annual International Symposium on Computer Architecture (ISCA), Achorage, 2002: 7-13.

[18] Agarwala S, Anderson T, Hill A, et al. A 600-MHz VLIW DSP. IEEE Journal of Solid-State Circuits (JSSC), 2002, 37(11): 1532-1544.

[19] Preston R P, Badeau R W, Balley D W, et al. Design of an 8-wide superscalar RISC microprocessor with simultaneous multithreading. Proceedings of IEEE International Solid-State Circuits Conference (ISSCC), San Francisco, 2002: 266-267.

[20] Shen J, Lipasti M. Modern Processor Design: Fundamentals of Superscalar Processors. Long Grove: Waveland Press Inc, 2013.

第2章　微处理器的存储架构及电路

存储是处理器系统不可或缺的一部分，其容量、速度和功耗等指标极大地影响了处理器系统的性能与功耗效率。用户希望得到容量大、速度快、价格低的存储，但这些指标之间是相互矛盾的：速度越快的存储器单比特(bit)价格越高，容量越大的存储器单比特价格越低，但速度越慢。这些需求及特征促成了由多种存储组成的一个复杂的存储体系，每种存储能满足处理器某一方面的需求(如速度、容量等)，多种存储器合起来满足用户各方面的要求。

在处理器芯片内部，占面积最大的不是 ALU、乘法器等运算单元，而是用作缓存的 SRAM。而在处理器芯片外部，还会有大容量的用作内存的 DRAM 以及机械硬盘和固态硬盘(solid state drives，SSD)等存储设备。这些存储具有不同的特征，寄存器堆、缓存、内存、硬盘的容量逐渐变大，但速度变慢。这些存储和处理器核结合起来构成如图 2.1 所示的一个完整的处理器系统。目前，处理器将大部分的时间花在了数据搬移而非运算上，使得存储成为提高处理器系统性能和效率的关键所在。

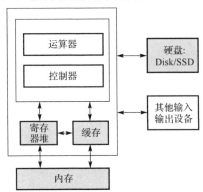

图 2.1　处理器系统示意图

本章旨在介绍微处理器的存储架构及其电路设计。2.1 节介绍层次化存储的原因及其结构，特别是缓存的结构。2.2 节简单介绍各种类存储的基本实现方法。2.3 节和 2.4 节介绍新型存储：新型非易失存储以及存储与计算的融合。

2.1　存储的层次化结构及缓存

2.1.1　存储的层次化结构概述

如 1.1.2 节所述，近 30 多年来，CPU 的速度提升了几百倍，但 DRAM 的速度只提高了 10 倍左右,两者产生了巨大的差距.处理器可以非常迅速地完成数据运算,但需要耗费大量的时间进行数据的读和写,存储器成为处理器系统性能提高的瓶颈.为缩小处理器与存储器之间的性能差距,减少速度、容量、价格之间的矛盾,处理器采用了多种存储器构成一个层次化存储.图 2.2 是多级层次化存储结构,包括寄存器堆、若干级缓存、内存(也称主存)、硬盘等.从上到下容量增大、单比特价格降低,但速度变慢.

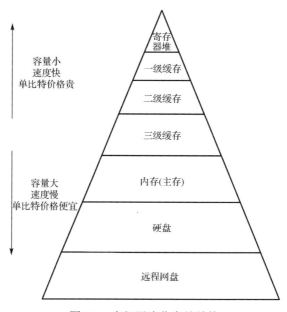

图 2.2　多级层次化存储结构

寄存器堆容量只有几十或几百字节,但速度快,能在一个时钟周期之内完成读写,并支持多端口同时读写(如同时支持 8 读 4 写).然后是缓存,用 SRAM 实现,容量通常在几万至几百万字节,访问速度在几个时钟周期.处理器芯片之外还有内存,通常用 DRAM 实现,容量在几百万至几十亿字节,访问速度通常是几十个时钟周期.缓存复制了内存中关键的指令和数据,使大部分的存储读写可在缓存中实现,以兼得 SRAM 的速度和 DRAM 的容量.内存之外还有硬盘,其速度最慢,但容量最大,并且是非易失性的.

2.1.2　存储访问的局部性

层次化存储的有效性依赖于计算机应用程序良好的局部性这一特征:程序把90%的运算时间花费在了约 10%的指令和数据上.因此,处理器可以把最重要的程序和数据放在缓存中,使绝大部分的存储访问在缓存中完成,从而使存储系统获得接近于缓存的速度和内存的容量.局部性包括空间的局部性和时间的局部性,图 2.3

是其示意图。空间局部性指地址邻近的指令或数据通常被一起访问。时间局部性是指当一个指令或数据被访问之后，有较大的概率会被再次访问到。

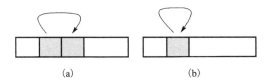

图 2.3　空间局部性和时间局部性示意图

图 2.4 所示程序完成了一个简单的 *n* 个数据累加的功能，以此为例来说明程序的空间局部性和时间局部性。在这个程序中有 *a* 和 sum 两个数据。数列 *a* 的 *n* 个数据会被依次访问，通常这些数据被放在邻近的存储地址中，因此具有良好的空间局部性。而数据 sum 每次做加法都会被访问，因此具有良好的时间局部性。这个程序的指令是 *n* 次循环构成的，一次循环完成一次累加的操作，通常包括 load 指令获取 *a*、加法指令、store 指令(用于写回)。循环体内的几条指令一般会顺序存放在指令存储器中，具有良好的空间局部性。每次循环均访问若干条相同的指令，因此又具有良好的时间局部性。

```
sum = 0;
for (i = 0; i < n; i++)
    sum += a[i];
return sum;
```

图 2.4　存储访问局部性的程序举例

程序的局部性很大程度上取决于编程方式。例如，一个二维矩阵 *a*[*i*][*j*] 通常以一行行的顺序(即 *a*[0][0], *a*[0][1], ⋯, *a*[1][0], *a*[1][1], ⋯的顺序)依次存放在存储器中。如果程序在读取矩阵 *a* 时按照这个顺序访问数据，则局部性非常好。但如果程序以跳跃的方式访问矩阵 *a* 的数据，如按列 *a*[0][0], *a*[1][0], ⋯, *a*[0][1], *a*[1][1], ⋯来访问，则局部性就较差。编程者应该注意尽量利用局部性，以提高处理器性能。

2.1.3　缓存

缓存是处理器芯片中的关键组成部分，占据了处理器芯片绝大部分的面积。处理器把内存中关键的指令和数据复制在相对小而快的缓存中，读写内存时可基本通过读写缓存来实现，从而兼得小存储的高速和大存储的容量。

当所需数据在缓存时，处理器访问内存的时间即访问缓存的时间，也称为命中时间(hit time)。所需数据存在一定的比例不在缓存中，称为缓存访问缺失率(miss rate)，这时处理器需要访问下一级存储，从而产生额外的缺失损失(miss penalty)。命中时间、缺失率及缺失损失决定了存储访问的速度(式(2.1))。

$$存储访问时间 = 命中时间+ 缺失率× 缺失损失 \qquad (2.1)$$

决定缓存性能的相关参数取决于缓存的设计方案，如缓存的容量、缓存块的容量、缓存与内存之间的映射关系、缓存替代策略、缓存写策略等。但是这几个设计方案对系统性能的影响经常是相互冲突的，例如，增加缓存的容量可以减少缺失率，但是会增加命中时间。各种缓存的设计方案没有绝对的优劣，需要达到各个指标间的良好折中，最终获得高速而且较低功耗的存储器访问。

图 2.5 是缓存的基本结构。缓存与内存之间进行数据交换时以块(block)为基本单位进行操作。一个块由几个字节组成，并且有一个"有效位"来标明该缓存块是否有效，以及一个 tag 地址用于对应内存中的高位地址。这种以块为单位的方式降低了缓存与内存间进行数据交换的频率，有利于提高缓存效率。

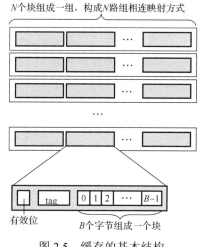

图 2.5　缓存的基本结构

缓存与内存之间的映射关系可以分为直接映射(direct mapped)、全相连(fully associative)以及 N 路组相连(N-way set associative)。直接映射方式中存储映射到缓存的地址是唯一固定的(此时图 2.5 中的 N 是 1)。这种方式结构简单，但是不灵活，易产生缓存块之间的冲突。全相连方式中存储映射地址可以是任意的。这种方式不易产生缓存块之间的冲突，但是结构复杂，硬件开支大。N 路组相连方式中存储映射地址在 N 个块中选择，是一个折中的方案，也是最常用的方案。

缓存与内存之间的映射关系决定了如何判定内存块是否在缓存中。内存地址被划分为三部分：用于查询块内字节的 offset、查询对应缓存块的 index，以及用于确认该缓存块所对应内存的高位地址 tag。如果是直接映射的缓存，则 index 查询到的只有一个块，通过比较这个块的 tag 就可判定是否命中或缺失；如果是 N 路组相连，则 index 查询到的有 N 个块，需要将这 N 个块的 tag 都与存储地址中比较，有一个相同就表示缓存命中。N 越大，则查询链路就越复杂。图 2.6 为存储地址划分及查询缓存示意图[1]，其容量为 1KB，采用直接映射方式，每个块 32B。如果存储地址为 32 位，则低 5 位[4:0]是查询块内字节的 offset，地址[9:5]是查询缓存块的 index，其余是 tag。图 2.6 还显示了以地址 0x24020（tag=0x50, index=0x01, offset=0x00）为例查询缓存的过程，index 为 1 对应缓存块 1，然后通过比较存储地址和缓存块 1 中的两个 tag 来确定缓存命中还是缺失。如果缓存命中，再根据 offset 的值 0 来得到最终对应的地址为 32 的字节。

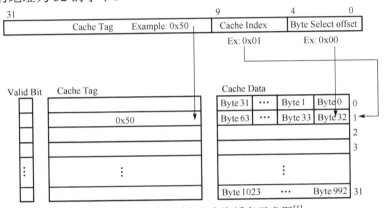

图 2.6　存储地址划分及查询缓存示意图[1]

缓存替代策略是指当发生缓存读写缺失而需要把内存中的数据块复制到缓存时，该选择覆盖缓存中的哪个数据块。对于直接映射缓存，内存数据只可以复制到一个固定的缓存地址，因此，缓存替代方案的问题只存在于全相连或者 N 路组相连缓存。比较常见的方案包括随机选择、最近最少使用算法（least recently used）等。

缓存写策略首先指写缓存时如何处理相对应的内存数据，主要分为写穿透（write through）和写回（write back）两大类。写穿透是指数据在写到缓存的同时直接写到内存，时刻保持两者的一致性。这个方式逻辑上较为简单，但是会带来较为频繁的缓存和内存之间的数据交互。写回方式是指数据只写到缓存，暂时不写到内存，只有当缓存块需要被替换时才把该数据块写回到内存。该方案需要增加缓存中的数据是否被修改的判定，但是减少了缓存和内存中的数据交互频率。缓存写策略还包括写缺失时的处理方案，主要包括写分配（write allocate）和非写分配（no-write allocate）。写分配是指当写缺失时，先将内存中的数据加载到缓存中，然后再按照写命中的方案来写。非写分配是指写缺失时，直接写内存而不写缓存。写回方式通常和写分配一起使用，而写穿透方案通常与非写分配一起使用。

图 2.7 是 Intel 酷睿 i7 处理器的存储结构。该处理器有 3 层缓存，第一层（L1）缓存是处理器核的私有数据缓存和私有指令缓存，容量为 32KB，8 路组相连。第二层（L2）缓存是数据缓存和指令缓存合并在一起的处理器私有缓存，容量为 256KB，8 路组相连。L1 把数据缓存和指令缓存分开，解决了结构冲突。而 L2 将数据缓存

和指令缓存合并，节省了存储器容量。我们可以把这种结构看作哈佛结构与冯·诺依曼结构的结合。L3 是多个处理器的共享缓存，容量为 8MB，16 路组相连。

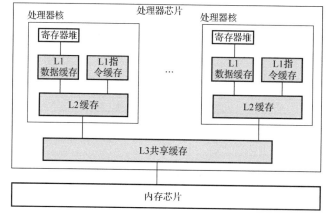

图 2.7　Intel 酷睿 i7 处理器的存储结构

2.1.4　虚拟存储

目前绝大部分的处理器均采用虚拟存储(virtual memory)技术。如图 2.8 所示，CPU 程序输出的读写地址是虚拟地址，这些地址需要通过存储管理单元(memory management unit，MMU)转换成物理地址再访问存储。

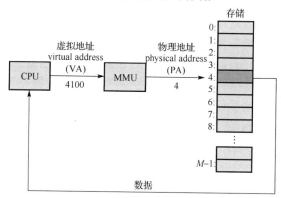

图 2.8　虚拟存储示意图

虚拟存储的概念看似多余而复杂，但被广泛采用，其主要的作用包括：①存储地址可以突破内存的容量，内存容量不足时可通过访问硬盘的方式来解决，而此时内存 DRAM 类似于虚拟存储空间的缓存；②可以简化存储管理，每个进程均可得到一个相同的地址空间，从而实现更简单、高效的多进程(process)管理机制；③有效地隔离各进程之间的地址空间，更有效地进行数据保护。

图 2.9 是虚拟地址转化成物理地址示意图。虚拟地址和物理地址均以页(page)

为单位，每页一般固定为 4KB。虚拟地址划分成虚拟页号（virtual page number，VPN）和虚拟页内偏移（virtual page offset，VPO）；物理地址划分成物理页号（physical page number，PPN）和物理页内偏移（physical page offset，PPO）。VPO 和 PPO 一致，转换电路只需要把 VPN 转化成 PPN。这个过程通过查找页表（page table）完成。但是页表的容量较大，需要放在内存中，访问速度很慢。因此，引入了转换后备缓冲器（translation look-aside buffer，TLB）。TLB 本质是页表的缓存，保存了最近使用的页表，从而大幅提高了查找页表的速度。图 2.10 是 Intel 酷睿 i7 处理器的存储系统，与图 2.7 相比，加入了 MMU 和 TLB。

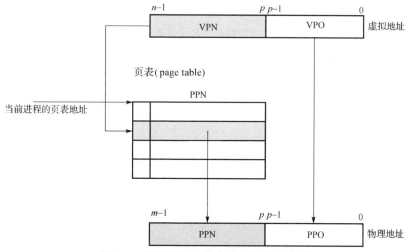

图 2.9　虚拟地址转化成物理地址示意图

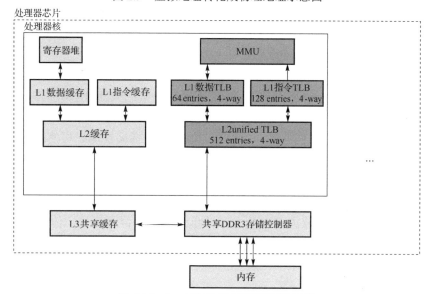

图 2.10　Intel 酷睿 i7 处理器存储系统

更多层次化存储架构的内容可以参考文献[1]和文献[2]等计算机体系结构及计算机系统的经典书籍。

2.2　存储的电路实现

各个层次的存储器采用不同的电路实现方式，其中寄存器堆和缓存在处理器芯片内部，而内存、硬盘等是独立式芯片。表 2.1 列举了主流存储器类型及其电路实现方式。

表 2.1　存储器类型及其电路实现

存储器类型	存储器电路实现
寄存器堆	多端口 SRAM
缓存	单端口 SRAM
内存	DRAM
机械硬盘	非易失磁性器件
固态硬盘	非易失闪存

SRAM、DRAM 采用 CMOS 集成电路。机械硬盘通常由非易失磁性器件组成，采用机械方式读取。机械硬盘容量大，可达几个 TB(1000GB)，但数据访问速度慢，一般需要几毫秒。近期，以闪存(Flash)为核心组件的固态硬盘逐渐超越传统机械硬盘。与机械硬盘比，固态硬盘速度快、功耗低，但是目前价格相对较高，且寿命相对较低。

2.2.1　缓存实现电路——SRAM

缓存通常由单端口 SRAM 为基本单元，占据处理器绝大部分(70%左右)的面积，容量在几万至几百万字节。

图 2.11 是 SRAM 总体框架图。其输入、输出口包括读使能、写使能、地址、写入数据、读出数据，通常还会有时钟输入。其主要模块包括存储阵列、地址译码、读写控制电路、灵敏放大。存储阵列是 SRAM 的核心，占据绝大部分的面积。地址译码把输入地址转换成某个字节(或某几个字节)的选通使能信号，通常包括行地址译码和列地址译码。灵敏放大用于放大存储单元输出的位线信号，使得位线信号在读数据时的电压摆幅不需要达到电源电压 V_{DD}，而只需要在两个位线端口产生一个较小的电压差，然后通过灵敏放大转变到 V_{DD} 或 V_{SS}。

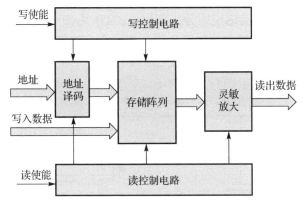

图 2.11　SRAM 总体框架图

1. 6 管 SRAM 单元

6 管 SRAM 存储单元如图 2.12 所示。其中 WL 是字线,用于选通一个字的读写功能,BL 和 BLB 是两条相反的位线,用于读出或写入单元中的数值。该存储单元由 6 个晶体管构成,所以也称为 6 管单元。核心部分为由 N1、N2、P1、P2 构成相互耦合的反相器,其用来存储一位数据,不需要刷新,但是掉电时数据会丢失。N3和 N4 导通时写入一位数据或者将一位数据读出;N3 和 N4 关断时,耦合的反相器保持存储状态。

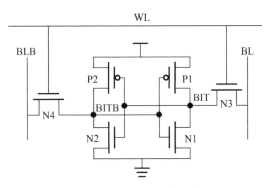

图 2.12　6 管 SRAM 存储单元

6 管单元设计的主要难点是晶体管尺寸。假设存储单元 BIT 点的值为"1",BITB点的值为 "0",存储单元可以简化为如图 2.13 所示的模型。首先分析读操作过程。读操作开始前通常将读位线预充电到 V_{DD}。读操作开始后,读字线 WL 有效(变为V_{DD}),打开 N3、N4。读位线 BLB 被 N2、N4 下拉,而 BL 保持高电平。当 BLB 被下拉到某个电压值后(不一定被下拉到 GND),输出模块根据 BL 和 BLB 上的电压差输出结果。该结构在读的过程中可能会造成读错误:当 BLB 被 N2 和 N4 晶体管放电时，由于 N2 和 N4 上的电阻分压作用，BITB 点的电位不再为 0，如果 BITB 点的电平高于阈值电压，就会造成耦合的反相器存储的值翻转，造成读错误。为提高读的稳定性和读速度，需要使 N2 的电阻比 N4 小，即 N2 的尺寸比 N4 大[3]。同理，N1 的尺寸要比 N3 大。

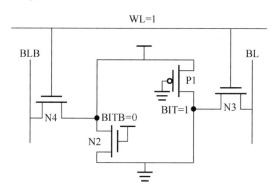

图 2.13　SRAM 存储单元存储数据为 1 时的读写操作简化模型

写操作同读操作类似。假设存储单元 BIT 点的值为"1"，BITB 点的值为"0"，则同样可以用图 2.13 所示的模型进行分析。在写操作前(即写字线有效前)，位线被驱动到相应的电平。写操作开始后，WL 有效(变为 V_{DD})，打开开关管 N3、N4。假设 BL 为"0"，BLB 为"1"，则 BLB 将 BITB 点的电压上拉，但由于开关管 N4 和 N2 的分压，且 N2 比 N4 大，BITB 点一般只能被上拉到小于 $1/2V_{DD}$。另外，BL 将 BIT 点的电压下拉。由于 P1、N3 导通，两个晶体管产生竞争，加大开关管 N3 和存储管 P1 的比值可以更快地将 BIT 下拉到低电平[3]。由上述分析可以得到知，写入操作主要由写位线为"0"的一端完成。

由上述讨论可以发现，对于写操作，要求开关管 N3、N4 尺寸越大越好，存储管 P1、P2 越小越好；而对于读操作，要求开关管 N3、N4 越小越好，N1 和 N2 越大越好。这个矛盾导致设计的时候需要非常仔细，在读稳定性、写余量上进行平衡。

2. 8 管 SRAM 单元

从前面的讨论也可以看出，SRAM 单元在读的过程中有可能影响单元原先存储的数据，因此 6 个晶体管尺寸需要经过精细的设计以达到性能及可靠性的平衡。但是，随着 SRAM 工艺尺寸的不断缩小，器件工艺的偏差增大，设计可靠而高效的 6 管单元的难度不断增大。因此，8 管单元逐步成为另一个主要方案[4]，通过增加两个晶体管来获得更好的稳定性。如图 2.14 所示，8 管单元具有独立的写字线(write word line，WWL)和读字线(read word line，RWL)，并且添加了两个晶体管以提供一个独立的读通道和读位线(read bit line，RBL)而不会破坏内部节点，从而极大地提高了可靠性。此外，独立的读写字线还可以同时实现读写操作，可提高系统性能。

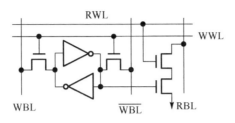

图 2.14　8 管 SRAM 单元[4]

2.2.2　寄存器堆实现电路——多端口 SRAM

寄存器堆由多端口 SRAM 构成。寄存器堆速度最快，读写延迟小于 1 个时钟周期；容量最小，通常只有 32 个字或 64 个字；支持多端口同时读写，如 2 读 1 写、4 读 2 写、8 读 4 写等。图 2.15 是 4 读 2 写寄存器堆框架图，跟 SRAM 的框架图类似，但同时支持 4 读 2 写的功能需要 6 个地址、2 个输入数据、4 个输出数据，这导致输入、输出端口明显增加，也引起了存储阵列内部单元的变化。多端口寄存器堆的面积占处理器面积不到 1%，但功耗比例超过 10%，其原因在于几乎每条处理器指令均需要对寄存器堆进行读写。

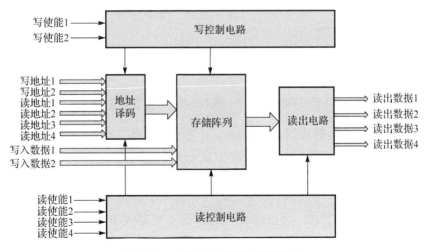

图 2.15　4 读 2 写寄存器堆框架图

寄存器堆的单元由于具有较多的读写端口，引出了多种不同的电路设计方案，例如，双位线单字线的方式、传输门写入的方式[5]、单位线单字线的写入方式[6]。图 2.16 所示为采用双位线读的 4 读 2 写寄存器堆存储单元电路图，该存储单元包含 4 个 PMOS 晶体管和 16 个 NMOS 晶体管。为保证读稳定性，存储单元加入了反相器作为读隔离管。通常位线输出端会采用灵敏放大器，只需很小的位线摆幅即可读出数据。双位线读的方式可减小工艺波动和噪声的影响，增强了稳定性。

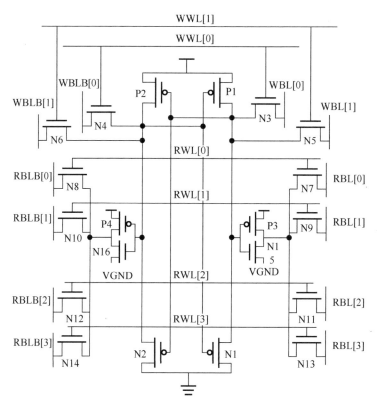

图 2.16　采用双位线读的 4 读 2 写寄存器堆存储单元电路图

　　双位线读的方式虽然可以很好地减小工艺波动和噪声等影响，但是读晶体管的数目较多，也使得版图布线困难。为减少面积，也可以采用单位线读的存储单元。图 2.17 所示为一个单位线读的存储单元电路图，该存储单元由 8 个 PMOS 晶体管和 12 个 NMOS 晶体管构成。四个读端口分别位于存储单元的两侧以均衡负载。其读电路采用传输门方式，可以保证无论在读 1 还是读 0 的时候，读位线均能被有效地驱动，减小工艺波动和噪声的影响。图 2.18 所示是另一个单位线读的寄存器堆存储单元电路图，由 2 个 PMOS 管和 14 个 NMOS 管构成，其面积极大地减小。

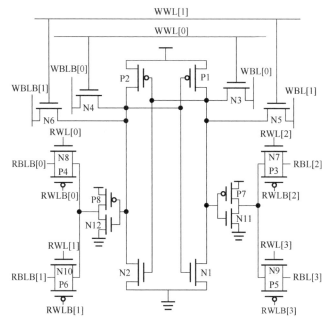

图 2.17　采用单位线传输门读的 4 读 2 写寄存器堆存储单元电路图

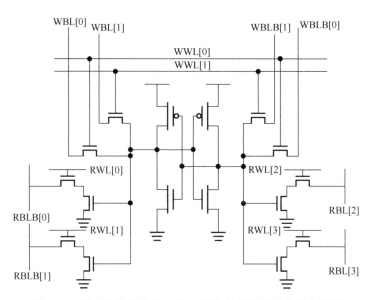

图 2.18　采用单位线读的 4 读 2 写寄存器堆存储单元电路图

由于多端口寄存器堆的读字线较多，为了进一步减小面积并提高功耗效率，还可以采用读字线共享的方案[7]。如图 2.19 所示，低地址(low address)存储单元和高地址(high address)存储单元(如一个 32×32 寄存器堆中的地址 0 和地址 16，地址 1

和地址 17)并列放置并共享读字线(shared read wordline)，图中的 RWL 信号即共享
读字线，两个相关单元称为双单元(twin cell)。该方案减少一半的读字线，极大地减
小了面积。图 2.20 显示了包含寄存器堆、测试电路及压控振荡器(voltage controlled
oscillator，VCO)的芯片图，并显示了该 4 读 2 写寄存器堆和读字线共享双单元的版图。

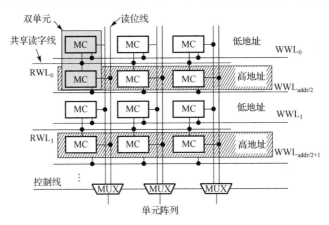

图 2.19　读字线共享寄存器堆电路图

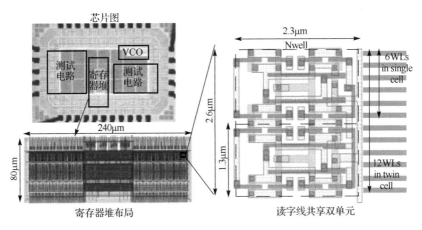

图 2.20　读字线共享寄存器堆芯片图以及双单元版图

2.2.3　内存实现电路——DRAM

1. 独立式 DRAM

DRAM 中的每个比特只需一个晶体管，采用电容作为数据存储的介质，需要不
断刷新来维持数据。DRAM 基本单元的结构如图 2.21 所示[3]，包括一条字线(WL)、
一条位线(BL)、一个选通晶体管(M1)以及一个数据存储电容(C_s)。在进行写操作

时，WL 选通变为 1，数据值放在 BL 上，数据存储电容 C_s 根据写入数据值充电或放电。在进行读操作时，位线被预充至约 1/2 V_{DD}，当字线选通时，位线和存储电容间发生电荷的重新分配，位线上的电压产生一定的变化，灵敏放大器根据位线上的电压变化读出数据值。DRAM 的电路结构看似非常简单，但设计难度很大，主要包括以下几方面。

　　(1) 每条位线上需要一个灵敏放大器，用于读出数据。这个灵敏放大器的输入端是单端的，并且要求速度快，放大倍数大，因此设计难度很高。

　　(2) 数据采用电容 C_s 来存储，C_s 需要特定的设计，需要保证面积小、容量大。

　　(3) 存储电容会漏电，并且在读出时会有一定的数据损失，因此需要定时刷新来保证数据的有效性。

　　(4) 当写 "1" 时，通过 NMOS 管 M1 会产生一个电压降，需要额外的电路使 C_s 充电到 V_{DD}。

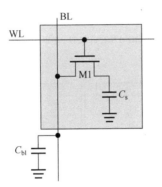

图 2.21　DRAM 单元及读写波形图[3]

　　DRAM 的基本单元的结构自 20 世纪 60 年代发明之后基本没有变化，但 DRAM 的 I/O 接口电路在不断发展，主要包括同步 DRAM(synchronous DRAM，SDRAM) 和双倍数据率同步 DRAM(double data-rate synchronous DRAM，DDR SDRAM)。SDRAM 采用同步时钟来进行 DRAM 读写控制。而 DDR SDRAM 利用时钟上升沿和下降沿来进行数据传输，使一个时钟周期可传输 2bit 的数据。DDR SDRAM 又根据内部预取缓冲进行进一步区分，目前计算机中使用最广泛的 DRAM 是 DDR3 SDRAM (8 bit 缓冲) 和 DDR4 SDRAM(16 bit 缓冲)。

　　DRAM 最重要的应用场景是作为独立式的内存。目前主流内存条的容量有 8GB、16GB 甚至几十吉字节，读写时间通常是几十纳秒。

　　2.　嵌入式 DRAM

　　除了独立式 DRAM 之外，IBM 等公司研制出了嵌入式 DRAM (embedded DRAM，eDRAM)，可与处理器逻辑电路置于同一芯片内。在类似的芯片面积下可提供比

SRAM 多 1 倍的存储容量，或在类似的容量下大幅减少芯片面积从而降低功耗及芯片成本。图 2.22 是 IBM 推出的基于绝缘衬底的硅(silicon-on-insulator，SOI)工艺的 eDRAM 器件横截面，并显示了基于体硅(bulk)和 SOI 工艺的 eDRAM 器件示意图[8,9]。两种方案均在位线(BL)和字线(WL)下方制造深槽电容。在体硅工艺中，在深槽电容上方需要一个厚氧化环(thick oxide collar)来隔离 CMOS 器件的寄生效应，而 SOI 工艺不需要这个厚氧化环，既简化了工艺，又减少了电容的寄生电阻效应。

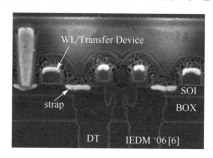

(a) IBM SOI eDRAM 器件截面图

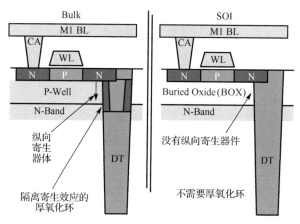

(b) Bulk 及 SOI eDRAM 示意图

图 2.22 IBM 推出的 SOI 工艺的 eDRAM 器件横截面[8,9]

3. 基于嵌入式 DRAM 的处理器设计

绝大部分处理器采用 SRAM 作为缓存，置于芯片内；采用 DRAM 作为内存，置于芯片外。SRAM 速度快但单元面积大；DRAM 单元面积小但速度慢且难与逻辑电路兼容，两者各司其职。但是，嵌入式 DRAM 的独特优势可利用在一些处理器中。

IBM 的 Power7 及其后续系列处理器采用嵌入式 DRAM。如图 2.23 所示，IBM Power7 处理器中集成了 8 个处理器核及三级缓存，其中第一级缓存和第二级缓存为处理器私有缓存，采用 SRAM；第三级缓存为各个处理器共享，容量为 32MB，采用嵌入式 DRAM 实现[10]。与 SRAM 相比，该嵌入式 DRAM 只有 1/5 的静态功耗及 1/3 的面积。此外，处理器核可快速地访问片内 DRAM(约 25 个时钟周期)，访问时间(latency)降低到片外 DRAM 的 1/6，访问带宽(bandwidth)增加了一倍。但是，嵌入式 DRAM 导致处理器的制造成本较高，还未普及。

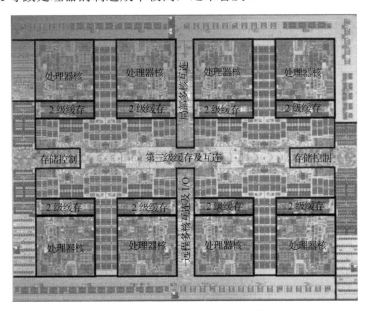

图 2.23　IBM Power7 处理器[10]

2.2.4　非易失存储——机械硬盘及闪存固态硬盘

SRAM、DRAM 等存储器采用 CMOS 电路，具有易失性，需随时加电，否则电路状态不能维持。因此，还需要非易失的存储器，在处理器工作之前把所需的初始化程序和数据从非易失存储加载到处理器内。目前采用的非易失存储器主要包括机械硬盘及由闪存颗粒组成的固态硬盘，它们在处理器芯片之外，容量远大于 DRAM，但速度慢。

机械硬盘的存储介质是磁性盘片，通过灵敏的磁头读写数据。如图 2.24[2]所示，磁性盘片由几个圆盘(platter)组成，它们围绕一根中心主轴(spindle)旋转，每个圆盘有两个面(surface)，每个面由许多同心圆磁道(track)组成，每个磁道又等分成许多扇区(sector)。磁盘以扇区为单位进行数据的读写。在进行硬盘读写时，盘片以每分钟几千或近万次的速度旋转，然后磁头移动到目标扇区的上方进行数据的读写。基于机械旋转及控制的机制限制了机械硬盘的速度。机械硬盘的访问时间大概为十几毫秒，与 DRAM 几十纳秒和 SRAM 几纳秒的访问时间相比，相差数千乃至数万倍。

但是，机械硬盘的容量大，目前通常有几万亿字节，比 DRAM 容量大上百倍；另外，其单比特容量的价格比 DRAM 便宜几百倍；再加上非易失的特征，机械硬盘在处理器系统中仍具有不可或缺的地位。

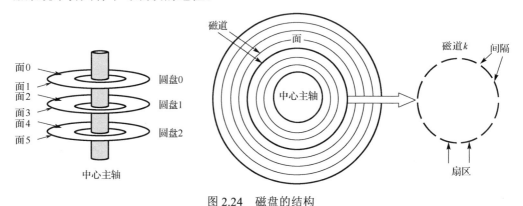

图 2.24　磁盘的结构

固态硬盘的接口规范及使用方法与机械硬盘完全相同，但内部的存储由闪存组成。图 2.25 是闪存非易失器件示意图[3]。与其他 MOS 管相比，闪存的主要区别是增加了一个不与其他端口连接的浮栅(floating gate)。浮栅上若注入电子将提高器件的阈值电压，相当于存储了数据。在断电时浮栅上的电子仍可保存，从而构成了一个非易失器件。在擦除操作时，在控制栅(control gate)端加 0V 电压，在源端(source)加 10V 左右的高电压，浮栅上的电子将回到源端，从而实现擦除。在写操作时，把一个 10V 左右的高电压脉冲加到浮栅上，如果这时在漏端加上高电压，就会产生热电子并将其注入浮栅中。如果不加高电压，则浮栅保持原先没有电子的状态。闪存器件的读过程与 CMOS 器件的读过程类似，此时在栅端加的高电压为 5V 左右。

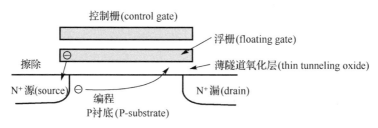

图 2.25　闪存非易失器件示意图[3]

固态硬盘的读写时间约几十微秒，数倍于机械硬盘的速度，并且功耗也低。但是，目前固态硬盘的价格比机械硬盘贵几倍，并且寿命和可靠性不如机械硬盘。目前，手机、笔记本电脑等设备中的硬盘通常采用固态硬盘。而桌面计算机、服务器等设备中的硬盘通常是机械硬盘和固态硬盘混合的形式。

2.3　新型非易失存储

闪存是目前非易失存储器的最主流产品，但它有很难克服的缺点：①闪存所需要的高压工艺很难与逻辑工艺集成且难以微型化；②速度和功耗效率与 DRAM 有较大差距。因此，研究人员试图研究更快速度、更大容量、更低功耗以及与 CMOS 工艺兼容的新型非易失存储器。

如图 2.26 所示，目前研究的新型非易失存储器包括阻变存储器（resistive random access memory，ReRAM 或 RRAM）、相变存储器（phase change random access memory，PCRAM 或 PRAM）、磁存储器（magnetic random access memory，MRAM）及铁电存储器（ferroelectric random access memory，FeRAM）等。近期，出现了多项非易失存储技术的突破及小批量产业化，这些新型的存储有可能改变未来存储器产业的格局。此外，具有非易失特性的新型存储还可以用于逻辑电路，有可能改变处理器设计的方案，很好地解决 CMOS 集成电路和处理器面临的挑战。

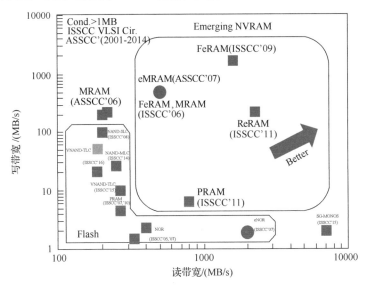

图 2.26　几种主要的非易失存储器及它们的读写带宽[11]

2.3.1　阻变存储器

RRAM 以阻变器件为基本单元，根据施加在金属氧化物材料上的电压不同，材料的电阻在高阻和低阻间变化，以此构建存储器的功能。2005 年三星制备了交叉阵列的 RRAM[12]。2008 年惠普公司在 *Nature* 上公布了 RRAM[13]，并将 RRAM 与忆阻器（1971 年由加利福尼亚大学伯克利分校蔡少棠预测的第四种器件[14]）联系起来。

RRAM 吸引了国内外企业界和学术界的大量研究，在材料、器件、模块、芯片等各方面获得一系列成果。

图 2.27 是 RRAM 阻变器件结构示意图及单极(unipolar)和双极(bipolar)两种阻值变化的 *I-V* 曲线图[15]。RRAM 阻变器件的基本结构为三明治结构，由上电极(top electrode)、下电极(bottom electrode)以及金属氧化物(metal oxide)三层组成，其中的金属氧化物在外加电压的作用下会在不同电阻状态之间进行转变。电阻状态通常有高阻态(high resistance state，HRS)和低阻态(low resistance state，LRS)两种，把高阻转变为低阻的操作称为 set，把低阻变为高阻的操作称为 reset。单极阻值变化模式是指电阻的变化只与所加电压和电流的幅度有关，与相位无关；而双极阻值变化模式电阻的变化不仅与电压电流的幅度有关，还与相位有关。

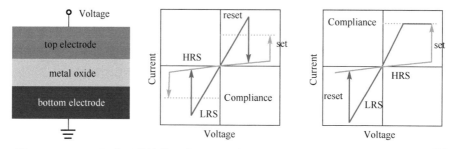

图 2.27　RRAM 阻变器件结构示意图以及单极和双极两种阻值变化的 *I-V* 曲线图[15]

RRAM 的基本存储单元通常由一个晶体管和一个阻变单元构成，称为 1T1R 结构，如图 2.28 所示。晶体管栅极接字线(WL)，电阻接位线(BL)，以此为基本单元可构成一个存储阵列。与 SRAM 和 DRAM 类似，存储阵列根据输入的地址信号，选中一个单元导通，然后通过灵敏放大器(sense amplifier，SA)输出数据。

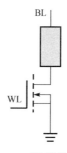

图 2.28　1T1R 阻变存储器单元

RRAM 写操作中一个比较突出的问题是阻变器件状态转变所需的时间具有一定的不确定性，慢速单元和快速单元之间所需时间差别可达 10 倍以上。为保证写完成，set 和 reset 脉冲的持续时间需要比快速单元的时间长，容易引起较大的功耗和较低的良率。在 set 过程中当单元被写成低阻状态时，流过单元的电流变大而导致较高的功耗。而在 reset 过程中单元被写成高阻态时，若激励还施加在单元上，则可能使单元重新写成低阻状态，导致 reset 操作失败。为了解决上述问题，可以在写电路设计中引入反馈机制，即在写的过程中判断写是否完成，一旦存储单元阻值翻转，立即切断写激励[16]。

2.3.2 磁存储器

自旋电子学(spintronics)也称磁电子学，利用电子的自旋特性而非电荷来构造电子器件，已成为一个快速发展的研究领域。2001 年 *SCIENCE*[17]中的文章论述了自旋电子器件与传统半导体器件相比具有非易失、高速、低功耗、高密度等一系列潜在的优势，但也存在高效的器件制备及使用的挑战。电子自旋的一个重要应用是巨磁阻(giant magneto resistance，GMR，2007 年诺贝尔物理学奖)及其在硬盘磁头上的应用。

基于电子自旋效应研制 MRAM 是众多企业及科研机构的重点研究方向。MRAM初期主要采用磁矩平行平面内存储模式，通过外加磁场实现磁矩翻转，但利用垂直自旋转移矩(spin-transfer torque，STT)效应来实现磁化翻转是目前最具前景的MRAM 实现方式[18]。如图 2.29(a)所示，当一个电子通过一个磁化的材料时，它的自旋(如向下或向上)被极化为磁化的方向。当这个电子到达一个磁化状态不同的区域时，它的自旋会被翻转，并导致电子角动量的变化。为了使角动量守恒，一个扭矩被施加到磁性材料局部的磁矩上，即 STT。它使得磁化方向改变至与电子自旋最初的极化状态相同的方向。一种常见的改变磁化状态的方法是磁性隧道结(magnetic tunnel junction，MTJ)。典型的 MTJ 结构如图 2.29(b)所示，它由三层材料堆叠而成，其中上、下两层为磁性材料，分为固定层(reference layer)和可翻转层(free layer)，中间为隧道节(tunnel barrier)绝缘层。当电流流经 MTJ 时，电流被固定层极化，并运用 STT 来极化可翻转层，从而可改变 MTJ 的状态。当上、下两层中电子自旋方向相同时，阻值较小；当上、下两层中电子自旋方向相反时，阻值较大。

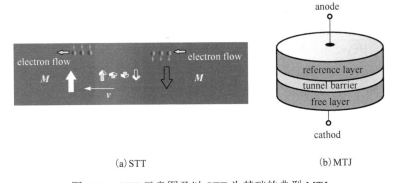

(a) STT   (b) MTJ

图 2.29 STT 示意图及以 STT 为基础的典型 MTJ

MRAM 阵列的单元主要采用一个晶体管一个 MTJ(1T1MTJ)结构，如图 2.30 所示。1T1MTJ 结构中每一个 MTJ 都连接一个 N 型晶体管(NMOS)。该晶体管的栅极为 RWL。WWL 不接触 MTJ。RWL 和 WWL 相互平行，且同位线垂直。位线同 MTJ 的自由层接触。NMOS 的源极接地，漏极连接到 MTJ 的固定层。在写操作中，所有 RWL 电压为低，消除了写操作中丢失写电流的可能性。在读过程中，只有被选通的单元 RWL 被拉高，从而避免了位线上其他 MTJ 的电流干扰读操作。除了 1T1MTJ 结构外，还有一种交叉点结构，该结构具有较好的集成度，且可以堆叠，但功耗较大。

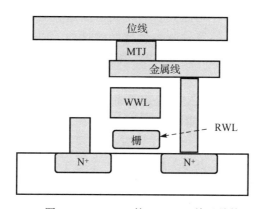

图 2.30　MRAM 的 1T1MTJ 单元结构

MRAM 拥有高速、高集成度的优点，而且基本上可以无限次地重复写入，是最具前景的存储之一。除了科研机构外，Everspin、IBM、Toshiba(东芝)等企业也大力研究 MRAM。

2.3.3　相变存储器

PCRAM 利用相变材料在晶体(低电阻率)和非晶体(高电阻率)间互相转化时所表现出来的导电性差异来存储数据。PCRAM 的研究可追溯到 1968 年，但一直未形成大规模产业化。2000 年后，由于 Flash 等存储器发展趋缓，PCRAM 重新引起了关注，Intel、IBM、ST 等国际大企业均投入了极大的研发力量。

图 2.31 是一个 PCRAM 单元示意图[19]。该器件单元的初始态通常为低电阻晶体态。为了使 PCRAM 单元进入非晶体态，需要在短时间内施加一个大电流脉冲熔化可编程区域(programmable region)，形成一个非晶态、高电阻的区域。这种非晶体区与晶态区串联，决定了顶端电极(top electrode)接触和底部电极(bottom electrode)接触之间的 PCRAM 单元的电阻。为了将 PCRAM 单元设置为晶态，需要用较长时间(足够长结晶)加一个中等程度的电流脉冲到编程区域，并把温度控制在结晶温

度和熔化温度之间。读取电阻状态时，电流要足够小而不干扰当前状态。2015 年 7 月 Intel 和 Micro 宣布的 3D XPoint 存储器是基于(或部分基于)PCRAM 技术的。

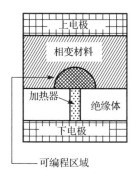

图 2.31　PCRAM 单元示意图[19]

2.4　存储与计算的融合——计算型存储

2.4.1　计算型存储研究产生的背景

早在 1970 年，Stone 便提出了存储计算(logic-in-memory)的概念[20]。他将整个缓存分成多个区块(sector)，然后在区块之间添加算术运算或者逻辑运算单元，使得存放于区块中的数据可以直接在缓存中运算，以此来提高计算机系统的处理性能。然而，由于当时并不存在存储墙问题，这种设计并未获得广泛的关注。

20 世纪 90 年代开始，如 1.1.2 节所述，内存(DRAM)速度提升远远慢于处理器核速度的提升，导致了严重的存储墙问题。而芯片引脚数量增加缓慢，使得处理器核对存储器的访问带宽日益紧张。另外，数据在微处理器和存储器之间的传输过程产生了大量的功耗。数据传输的功耗可达数据运算功耗的 10 倍以上。存储器的读写成为处理器系统性能和功耗效率提升的瓶颈。

本章所述的增加缓存的层次和容量虽然能在一定程度上缓解存储器读写的问题，但是远远无法从根本上解决这个问题。近年来，研究人员采取了很多措施，包括新的算法、硬件加速、功耗管理等，但也无法从根本上解决这个问题。因此，把存储和计算紧密集成在一起构成"计算型存储"的理念再次在学术界与产业界兴起，并产生了多个研究分支及名称，如 processing in memory、logic in memory、in memory computing 等。图 2.32 是计算型存储示意图，把计算单元和 SRAM 或 DRAM 等存储器紧密耦合起来，减少处理器核与存储之间的数据交互，从而降低功耗、提升性能。此外，现场可编程门阵列(field programmable gate array，FPGA)等可重构芯片内部的编程存储节点与计算逻辑紧密地结合在一起，也可视为计算型存储的一种实现方式。

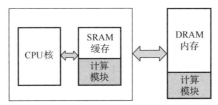

图 2.32　计算型存储示意图

2.4.2　基于 DRAM 的计算型存储研究

20 世纪 90 年代的计算型存储研究主要集中在 DRAM，在 DRAM 中加入计算功能以减少 DRAM 访问的代价。Patterson 等[21]和 Kozyrakis 等[22]提出的 IRAM（intelligent RAM）是一种比较典型的面向 DRAM 的计算型存储系统，图 2.33 是其版图布局示意图。IRAM 采用标准 DRAM 工艺制造，在存储器芯片中集成向量处理器，以大幅度减小处理器对存储的访问延迟并更充分地利用存储带宽。另一个研究工作 FlexRAM[23]采用紧密耦合的架构。在 FlexRAM 芯片中，64 颗 RISC 处理器核组成的计算阵列（P.Arrays）和 DRAM 单元交织排列，能够深度利用 DRAM 的存储带宽，在数据挖掘、决策系统等应用中获得大幅的性能提升。

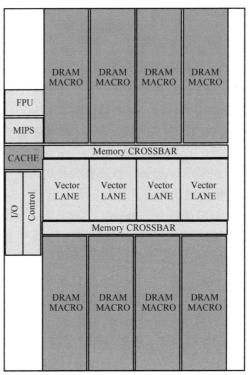

图 2.33　IRAM 的版图布局示意图[22]

20 世纪 90 年代还有许多其他计算型存储系统设计，也不乏来自工业界的设计，如美光(Micro)、三菱(Mitsubish)等企业,甚至有初步的量产。但是相关的研究并没有得到良好的应用。其主要原因一方面在于不断加大和优化缓存的设计在一定程度上缓解了 DRAM 访问的问题,另一方面在于 DRAM 的工艺和处理器核的逻辑工艺不兼容。如果采用 DRAM 的工艺集成逻辑电路,逻辑电路的性能会有损失,而如果采用逻辑工艺集成 DRAM,则 DRAM 的集成度会有损失。IBM 的嵌入式 DRAM 的发明一定程度上解决了逻辑工艺和 DRAM 工艺集成的问题,但仍然未成为主流。

2.4.3　基于 SRAM 的计算型存储研究

近期,基于 SRAM 来实现计算型存储研究也成为一个热点,其主要的一个推动力来自人工智能算法对存储访问速度及带宽带来的挑战。

文献[24]利用同一位线上的存储单元之间存在着"线与"逻辑关系,在 SRAM 内部实现与、或、非等基本逻辑,设计成一款支持逻辑操作、单元复制功能的缓存,从而加速字符串搜索和复制等应用。而文献[25]则将 n bit 的二进制数按位垂直存储,使得不同比特位共用相同的位线(图 2.34)。通过控制信号对所有存储位同时读取,并且对该数据从高位到低位的字线选通时间进行二进制加权,从而使得位线上的电压降和存储数字存在一种数模转换关系。然后利用模拟处理电路模块对电压降信号进行处理,从而快速地对$|A{-}B|$和 $A \cdot B$(A 和 B 为两个向量)进行计算,再利用 ADC 把计算后的数值转换成数字信号。通过在 SRAM 中对求向量距离和点乘运算的加速,可大幅提升人工智能算法的运算效率。

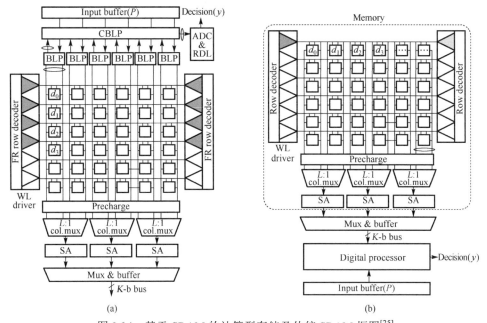

图 2.34　基于 SRAM 的计算型存储及传统 SRAM 框图[25]

2.4.4　非易失存储与计算的结合

如 2.3 节所述，非易失存储器的研究可追溯到几十年前，从磁盘到闪存到目前还处于发展阶段的 MRAM、RRAM、PCRAM 等。除了把非易失器件用于存储之外，研究人员发现可以利用非易失器件天然的存储功能与潜在的逻辑计算功能，实现非易失器件与计算的结合，构建新型的处理器系统。

1. 非易失器件及 CMOS 器件混合型逻辑电路

非易失器件及 CMOS 器件混合型逻辑电路的目标是同时得到非易失性、高集成度、高速等优势，很多采用类似图 2.35 的电路[26]。该电路总体类似于动态电路，分为预充电和运算两个步骤。非易失 MTJ 嵌入两条逻辑计算路径中，两条路径电阻值的不同产生了电流的差异，再通过灵敏放大输出。非易失 MTJ 器件既参与到了逻辑计算的过程，又具有存储的功能，从而构成了存储与计算的融合。

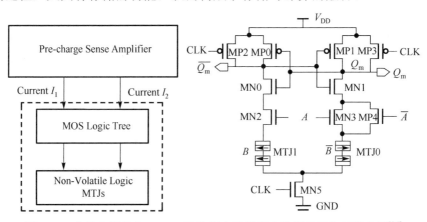

图 2.35　非易失器件和 CMOS 器件混合型逻辑电路框架及与门的实现[26]

2. 基于非易失器件的逻辑电路

传统电路利用电压或电荷表示 0 或 1 的状态，并以此进行数据的运算和存储。非易失性器件可利用其内含的阻值特征来实现逻辑功能，如图 2.36(a)所示[27]。图中 P、Q 表示两个 RRAM 器件，p、q 分别表示 P、Q 的状态(高阻态用 0 表示，低阻态用 1 表示)。每次操作在 P 和 Q 端加 V_{COND} 和 V_{SET} 激励电压，其中 V_{SET} 可把 Q 置 1，V_{COND} 比 V_{SET} 小不会改变 P 的值，但 V_{COND} 使 R_G 和 P 起到分压作用。当 p 为 0(高阻)时，则 R_G 端的电压接近 0，Q 会被置为 1。当 p 为 1(低阻)时，则 R_G 端会产生较大分压，从而使 Q 保持原来当状态。因此，Q 的新的状态(q')与 p 和 q 形成了如图 2.36(b)所示的逻辑关系。

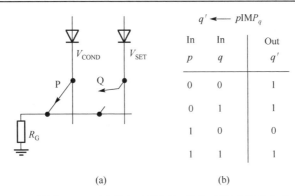

图 2.36　利用 RRAM 器件实现逻辑运算电路图及逻辑真值表[27]

也有其他基于非易失器件的逻辑电路实现方案。如文献[28]设计了完全采用 MTJ 的全加器；卡内基・梅隆大学(CMU)团队研发了完全采用电子自旋器件的各种逻辑单元[29]，并构建了快速傅里叶变换(fast Fourier transform，FFT)等电路。

3. 基于非易失器件的计算型存储处理器及低功耗电压控制

利用非易失器件还可以构建新型的处理器，主要的着眼点包括更彻底的电压控制技术及计算与存储融合技术。动态电压及频率调整(dynamic voltage frequency scaling，DVFS)技术(具体见 3.6 节)可很有效地降低处理器功耗。但是，传统的 DVFS 技术必须维持一定的工作电压以保证芯片能维持其逻辑状态。基于非易失电路，系统在没有工作负荷时可完全停止供电，彻底消除动态功耗和漏电功耗，极大地降低系统功耗。

综述性文献[30]探讨了利用非易失 STT 器件替代 FPGA 等可重构系统的编程节点，来构建新的非易失可重构存储计算，以减少系统跟片外存储芯片的数据交互，大幅提高系统的性能及功耗效率。

文献[31]设计的 MTJ/CMOS 混合型视频处理芯片同时考虑了基于非易失器件的电压控制及存储计算技术，并开发了基于混合器件的半自动设计流程。该芯片利用 MTJ 构建片内存储阵列使非易失存储和计算逻辑紧密结合在一起，并且基于 MTJ 实现了单时钟周期的电压开启及关闭技术，降低了 70%的漏电功耗，图 2.37 是该芯片示意图。

文献[32]在处理器中加入了铁电非易失寄存器备份处理器状态。在电源主动或被动关闭时，处理器能在 7μs 内保存系统状态，并在电源恢复后快速恢复系统运行。该研究的主要目的是解决电源异常时系统状态的备份。文献[33]研究了利用能量采集供电的非易失处理器的架构，考虑了在不同电源电压技术下性能和功耗的折中。文献[34]设计了利用 MRAM 的处理器，在 90nm 工艺下时钟频率为 20MHz，系统恢复时间为 120ns。

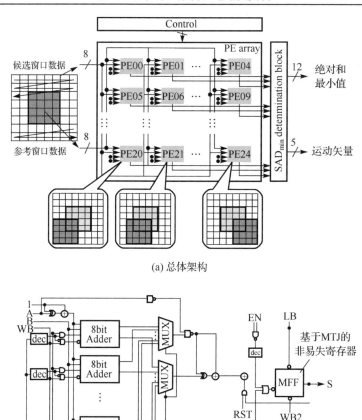

(a) 总体架构

(b) 处理器单元PE结构

图 2.37　MTJ/CMOS 混合型视频处理芯片[31]

2.5　本　章　小　结

存储是计算机系统的关键组成部分，极大地影响计算机系统的成本、性能和功耗。计算机系统内的存储器由多级层次化的体系构成，包括寄存器堆、缓存、内存、硬盘等，容量逐步扩大，但速度变慢。由于应用程序的局部性原理，层次化存储结构可获得速度和容量的良好折中。缓存是处理器芯片内部面积最大的模块，它将内存中关键的指令和数据复制到缓存中，使大部分访问内存的操作可通过访问缓存来实现。不同的存储具有不同的实现方案,寄存器堆是多端口 SRAM,缓存是单端口 SRAM,内存是 DRAM,硬盘是机械磁性硬盘或固态硬盘。

新型非易失存储是当前学术界和产业界的研究热点,人们试图实现非易失性、高速、大容量、低功耗等各种优点。主要的新型非易失存储包括 RRAM、PRAM、MRAM 及 FeRAM。一旦某个新型的非易失存储得到广泛应用,就将极大地改变整个计算机系统的架构。

存储器的另一个研究热点是试图融合计算和存储,从而解决存储墙的问题,突破冯·诺依曼体系结构的局限性。具体包括基于 DRAM 的计算型存储、基于 SRAM 的计算型存储以及新型非易失计算型存储。

参 考 文 献

[1] Hennessy J, Patterson D. Computer Architecture: A Quantitative Approach. 5th ed. San Francisco: Morgan kaufmann, 2011.

[2] Bryant R, OHallaron D. Computer Systems, A Programmer's Perspective. 3rd ed. New York: Pearson, 2015.

[3] Rabaey J, Chandrakasan A, Nicoloc B. Digital Integrated Circuits: A Design Prospective. 2nd ed, Upper Saddle River: Prentice Hall, 2003.

[4] Chang L, Fried D M, Hergenrother J, et al. Stable SRAM cell design for the 32nm node and beyond. Proceedings of IEEE Symposium on VLSI Technology, Kyoto, 2005: 128-129.

[5] Tzartzanis N, Walker W W, Nguyen H, et al. A 34 word 64b 10R/6W write-through self timed dual-supply-voltage register file. Proceedings of IEEE International Solid-State Circuits Conference (ISSCC), San Francisco, 2002: 416-417.

[6] Hsu S, Agarmal A, Anders M, et al. An 8.8GHz 198mW 16×64b 1R/1W variation tolerant register file in 65nm CMOS. Proceedings of IEEE International Solid-State Circuit Conference (ISSCC), San Francisco, 2006: 1785-1797.

[7] Zeng X, Li Y, Zhang Y, et al. Design and analysis of highly energy/area-efficient multi-ported register files with read word-line sharing strategy in 65nm CMOS process. IEEE Transactions on Very Large Scale Integration (VLSI) Systems, 2015, 23 (7): 1365-1369.

[8] Wang G, Cheng K, Ho H, et al. A 0.127μm² high performance 65nm SOI based embedded DRAM for on-processor applications. Proceedings of IEEE International Electron Device Meeting (IEDM), San Francisco, 2006: 1-4.

[9] Barch J, Reohr W, Parries P, et al. A 500MHz random cycle, 1.5ns latency, SOI embedded DRAM macro featuring a three-transistor micro sense amplifier. IEEE Journal of Solid-State Circuits, 2008, 43 (1): 86-95.

[10] Kalla R, Sinharoy B, Starke W, et al. Power7: IBM's next-generation server processor. IEEE Micro, 2010, 30(2): 7-15.

[11] ISSCC Technical Committee. 2016 ISSCC Trends. 2016.

[12] Baek I G, Kim D C, Lee M J, et al. Multi-layer cross-point binary oxide resistive memory (OxRRAM) for post-NAND storage application. Proceedings of IEEE International Electron Devices Meeting(IEDM), Washington DC, 2005: 750-753.

[13] Strukov D B, Snider G S, Stewart D R, et al. The missing memristor found. Nature, 2008, 453: 80-83.

[14] Chua L O. Memristor—The missing circuit element. IEEE Transactions on Circuit Theory, 1971, 18(5): 507-519.

[15] Wong H S P, Lee H Y, Yu S M, et al. Metal-oxide RRAM. Proceedings of the IEEE, 2012, 100(6): 1951-1970.

[16] Xue X Y, Jian W X, Yang J G, et al. A 0.13 μm 8 Mb logic-based Cu_xSi_yO ReRAM with self-adaptive operation for yield enhancement and power reduction. IEEE Journal of Solid-State Circuits, 2013, 48(5): 1315-1322.

[17] Wolf S A, Awschalom D D, Buhrman R A, et al. Spintronics: A spin-based electronics vision for the future. SCIENCE, 2001, 294(5546): 1488-1495.

[18] Zhu J G. Magnetoresistive random access memory: The path to competitiveness and scalability. Proceedings of the IEEE, 2008, 96(11): 1786-1798.

[19] Wong H S P, Raoux S, Kim S B, et al. Phase change memory. Proceedings of the IEEE, 2010, 98(12): 2201-2227.

[20] Stone H S. A logic-in-memory computer. IEEE Transactions on Computers, 1970, C-19(1): 73-78.

[21] Patterson D, Anderson T, Cardwell N, et al. Intelligent RAM (IRAM): Chips that remember and compute. Proceedings of IEEE International Solid-State Circuits Conference (ISSCC), San Francisco, 1997: 224-225.

[22] Kozyrakis C, Gebis J, Martin D, et al. Vector IRAM: A media-oriented vector processor with embedded DRAM. Hot Chips Conference, California, 2000.

[23] Kang Y, Huang W, Yoo S M, et al. FlexRAM: Toward an advanced intelligent memory system. Proceedings of IEEE International Conference on Computer Design, Montreal, 1999: 192-201.

[24] Aga S, Jeloka S, Subramaniyan A, et al. Compute caches. Proceedings of IEEE International Symposium on High Performance Computer Architecture (HPCA), Austin, 2017: 481-492.

[25] Kang M, Gonugondla S K, Patil A, et al. A multi-functional in-memory inference processor using a standard 6T SRAM array. IEEE Journal of Solid-State Circuits, 2018, 53(2): 642-655.

[26] Gang Y, Zhao W S, Klein J O, et al. A high-reliability, low-power magnetic full adder. IEEE Transactions on Magnetics, 2011, 47(11): 4611-4616.

[27] Borghetti J, Snider G S, Kuekes P J, et al. Memristive switches enable stateful logic operations via material implication. Nature, 2010, 464: 873-876.

[28] Meng H, Wang J G, Wang J P. A spintronics full adder for magnetic CPU. IEEE Electron Device, 2005, 26(6): 360-362.

[29] Bromberg D M, Moneck M T, Sokalski V M, et al. Experimental demonstration of four-terminal magnetic logic device with separate read-and write-paths. Proceedings of IEEE International Electron Devices Meeting (IEDM), San Francisco, 2014: 33.1.1-33.1.4.

[30] Roy K, Fan D, Fong X, et al. Exploring spin transfer toque devices for unconventional computing. IEEE Journal of Emerging and Selected Topics in Circuits and Systems (JETCAS), 2015, 5(1): 5-16.

[31] Natsui M, Suzuki D, Sakimura N, et al. Nonvolatile logic-in-memory array processor in 90nm MTJ/MOS achieving 75% leakage reduction using cycle-based power gating. Proceedings of IEEE International Solid-State Circuits Conference (ISSCC), San Francisco, 2013: 194-195.

[32] Wang Y Q, Liu Y P, Li S C, et al. A 3μs wake-up time nonvolatile processor based on ferroelectric flip-flops. Proceedings of European Solid-State Circuit Conference (ESSCIRC), Bordeaux, 2012: 149-152.

[33] Ma K S, Zheng Y, Li S C, et al. Architecture exploration for ambient energy harvesting nonvolatile processors. Proceedings of IEEE International Symposium on High Performance Computer Architecture (HPCA), Burlingame, 2015: 526-537.

[34] Sakimura N, Tsuji Y, Nebashi R, et al. A 90nm 20MHz fully nonvolatile microcontroller for standby-power-critical applications. Proceedings of IEEE International Solid-State Circuits Conference (ISSCC), San Francisco, 2014: 184-185.

第3章　多核及众核处理器

如 1.1.2 节讨论的，2005 年左右，单核处理器的时钟频率、性能及功耗面临不可逾越的挑战，以 Intel 为代表的处理器公司开始全面转向多核处理器，通过增加核的数量来提高运算并行度从而提升处理器性能。目前，用于个人计算机、智能手机的通用多核处理器包含 10 个核左右，如 Intel 酷睿 i5 集成 4～6 个核，酷睿 i7 集成 4～10 个核，酷睿 i9 集成 10～18 个核，至强 D-1537N 集成 8 个核，至强 D-1557N 集成 12 个核，至强 D-1571N 集成 16 个核。但是，超级计算机、GPU 等面向特定应用领域的处理器动辄集成几百、上千个核或计算单元。例如，Nvidia Tesla V100 集成 640 个 Tensor 内核，性能超过 100 万亿次（TFLOPS）；Tesla P100 集成 3584 个 CUDA 核，单精度性能为 9.3 TFLOPS。Google TPU 集成 64000 个 MAC 计算单元。

多核处理器提升了处理器的性能、功耗效率及应用范畴，也引入了一系列新的问题及挑战。

(1) 单核的选择及设计：简单嵌入式处理器核的面积可以小于 $1mm^2$，而高性能通用处理器的面积可达 $100mm^2$，面积相差上百倍，也会导致性能、功耗方面的巨大差别。普遍认为，多核处理器应该选择相对简单但功耗效率高的内核。

(2) 处理器核的规模：受限于应用本身的可并行性，通用处理器核数停留在 10～20 个核，基本很难继续提升，但专用领域处理器的核数增长迅速，暂时看不到终点。

(3) 核间通信及互连：核数的增加将提高核间通信的复杂度，对通信方式及互连电路的设计提出了新的挑战，需要同时考虑数据传输能力、功耗效率、可扩展性等。

(4) 缓存一致性：多核处理器中某个处理器对其私有缓存的读写会影响共享存储及其他处理器缓存数据的有效性及状态，导致缓存一致性的问题。多核处理器需要研究高效的缓存一致性机制及电路。

(5) 处理器的同步：多核处理器需要协调各处理器的工作顺序及工作时间才能提高并行计算的效率。

(6) 编程方式：多核处理器需要具有高效的编程方式，并尽量复用已有的程序。

本章旨在深入探讨多核及众核处理器的若干关键技术，重点放在硬件体系结构上，包括多核处理器兴起的原因、若干研究历史及成果、核间通信及缓存一致性、片上互连网络、面向多核处理器的时钟设计以及动态电压时钟调整的低功耗多核处理器设计。

3.1　多核处理器的缘起

3.1.1　单核处理器面临的挑战

　　单核处理器在性能、功耗、长距离连线、工艺偏差等方面均面临严峻挑战。图 3.1 显示了美国 National Research Council（NRC）统计的高性能处理器的集成度、性能、时钟频率、功耗、核数的变化趋势。2005 年起，只有集成度及核的数量呈上升趋势，其他参数变化缓慢。

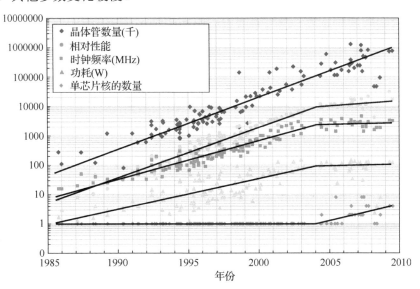

图 3.1　高性能处理器的集成度、性能、功耗等发展趋势

1.　功耗的挑战

　　传统的处理器高性能技术，如流水线在 20～30 级左右达到极限（1.3.2 节），而超标量在 10 路左右的取指宽度达到极限（1.3.3 节），这些导致处理器的性能面临瓶颈。然而，处理器最重要的制约来源于功耗。

　　目前高性能处理器的功耗普遍达到近 200W，已达到封装、散热的极限。而嵌入式处理器的功耗直接决定了智能手机等设备的待机时间，对功耗效率也具有非常高的要求。大多数高性能技术，如增加时钟频率和增加处理器取指宽度意味着增加电路数量并增加电容，会导致更高的功耗。必须寻求可以继续提高性能及功耗效率的处理器设计方案。

　　集成电路功耗的构成见式（3.1），其中第一项是动态功耗，第二、第三项是静态功耗。目前集成电路的主要功耗来源是第一项动态功耗及第三项漏电功耗。芯片在高速运行过程中产生的功耗主要是动态功耗，但芯片处于非工作状态时的功耗主要是漏电功耗。

$$P = aV^2fC + I_{sc}V + I_{leakage}V \tag{3.1}$$

动态功耗主要来源于对负载电容充电（数据从 0 变为 1）和放电（数据从 1 变为 0）过程中产生的功耗（图 3.2）。动态功耗公式中的 V 是电压、f 是时钟频率、C 是电容、a 是电容充电或放电的概率。动态功耗在很长一段时间内是集成电路功耗最重要的来源，目前漏电功耗的重要性在不断上升，但是动态功耗仍然重要。从式（3.1）可以看到，降低动态功耗最有效的办法是降低电压和时钟频率，但性能会受到影响；此外，降低数据反转的概率、降低负载电容也是重要的手段。

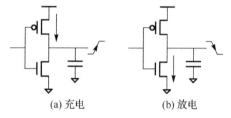

(a) 充电　　　　　　　(b) 放电

图 3.2　动态功耗来源于负载电容的充电和放电

图 3.3 所示的短路功耗通常也会归入动态功耗。如果输入信号的变化过程比较慢，则会有一段时间 PMOS 和 NMOS 同时打开，有电流从电压直通至地。但目前绝大部分电路的短路功耗（short circuit power）可忽略不计。

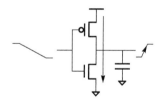

图 3.3　短路功耗

静态功耗 $I_{sc}V$ 指伪 NMOS 电路、电流源等电路产生的功耗，但目前绝大部分电路设计均尽量避免采用这些电路方案，使得其不构成主要的功耗来源。

静态功耗 $I_{leakage}V$ 指漏电功耗，图 3.4 是其来源示意图，包括反向偏置 PN 结漏电流（I_1）、源极和漏极之间的亚阈值漏电流（I_2）、氧化层隧穿漏电流（I_3）、栅极漏电流（I_4）、栅极和漏极的漏电流（I_5）、沟道穿透电流（I_6）等。漏电功耗随着工艺尺度的缩小以及阈值电压的下降而不断增加，目前已成为最重要的功耗来源之一。

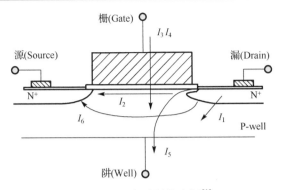

图 3.4 漏电功耗的来源[1]

如式(3.1)所示，降低电压是降低电路功耗的最关键方法之一，但降低电压会在一定程度上降低晶体管的速度。式(3.2)是 CMOS 反相器的下降时间[2]，可以看到 CMOS 管的延迟还与阈值电压呈正相关。因此，为了提高晶体管的速度，电压的降低通常伴随着阈值电压的下降。然而，阈值电压的不断下降带来了另一个严峻的问题：漏电功耗(leakage)呈指数增长。目前，漏电功耗对处理器及其他片上系统(systems-on-chip，SoC)芯片的总体功耗的影响已普遍超过了动态功耗。

$$t_{pHL} = 0.52 \frac{C_L V_{DD}}{(W/L)_n k'_n V_{DSATn}(V_{DD} - V_{Tn} - V_{DSATn}/2)} \qquad (3.2)$$

其中，C_L 是电容；V_{DD} 是电压；W/L 是晶体管长宽比；V_{Tn} 是阈值电压。

2. 全局连线及工艺偏差等挑战

全局连线在集成电路中的重要性随着工艺尺度的缩小而不断提高。在早期的 CMOS 电路中，连线对电路性能和功耗的影响忽略不计，连线以近乎无限的速度传输信号，无功耗且无耦合效应。随着工艺技术的发展，连线的影响逐步显现。连线具有电容、电阻、电感等寄生效应，影响了系统的性能、功耗及可靠性[2]。更为严峻的是，全局连线的长度几乎不随工艺的变化而变化，延迟变化较为细微，而晶体管器件的延迟不断减小。因此，连线对电路延迟的相对影响不断增加。如图 3.5 所示，在 13nm 工艺下，长距离连线的延迟超过 100 Fo4 (Fan-out 4)[3]，而高性能处理器每个流水线的延迟只有 30 Fo4 左右，这就意味着没有任何逻辑功能的一条长距离连线需要通过几级流水才能完成。与延迟类似，全局长连线对功耗的影响也随着工艺尺度的缩小而不断增加。此外，长连线之间的耦合电容和耦合电感增加了信号噪声，降低了系统的可靠性。

不断缩小的工艺尺度还导致器件和连线的相对偏差(variation)不断增加。偏差的增加不仅会导致晶体管漏电流的增加，也会导致电路速度的不确定性，从而导致集成电路的功耗及时序问题。

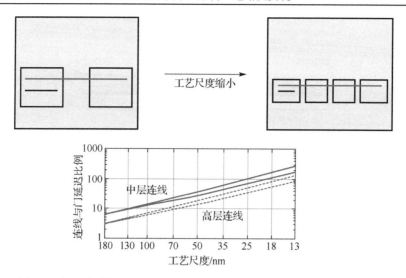

图 3.5　全局连线相对晶体管的延迟 (Fo4) 随工艺尺度的缩小不断变大[3]

3.1.2　应对方案——多核及众核处理器

提升处理器性能和功耗效率的方式多种多样，如专用集成电路 (application specific integrated circuit，ASIC) 与处理器相比，可具有成百倍的性能和功耗效率提升。但是，ASIC 有其固有的缺点，即缺乏灵活性。随着芯片设计和制造成本的不断增加，灵活性对增加芯片适用范围及降低成本具有特别重要的意义，处理器具有不可替代的作用。

解决单核处理器面临挑战的一个最重要的手段是采用多核处理器。由于目前芯片的集成度仍在不断增加，采用先进工艺的芯片动辄集成数十亿个晶体管，其容量足以集成数十个处理器核。图 3.6 是一个典型四核处理器的示意图，每个核有独立的寄存器堆及 L1 和 L2 缓存，四个核有共享的 L3 缓存，L3 缓存再与片外的内存相连。随着核数的不断增加，例如，当处理器具有上百个核时，多核处理器也称为众核处理器。

多核处理器可以通过协同多个处理器并行计算的方式提高性能。另外，多核处理器可采用灵活的时钟频率和电源电压管理方式，在工作负载较低时降低时钟频率和电源电压，从而获得更高的功耗效率。举一个简单的例子，假设一个单核处理器在时钟频率 f 和电压 V 的情况下可有效完成一个应用，功耗为 p；如使用双核处理器，在应用可平均划分到两个处理器核且无其他开销的情况下，每个处理器核只需要 $f/2$ 的时钟频率，并可以降低工作电压到 $V/2$ 左右。根据式 (3.1)，该双核处理器的功耗只需 $p/4$ 左右。

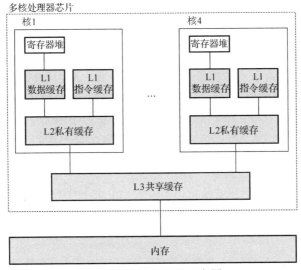

图 3.6　四核处理器示意图

多核处理器还可较好地解决全局连线的挑战。分布式的结构可以将连线约束在一个处理器核内，从而消除全局的长连线。针对参数偏差导致各处理器可能具有不同的性能功耗等特征的问题，多核处理器可通过调整应用程序映射方式、电源电压及时钟频率等方式对每个处理器核进行不同的处理，从而充分利用各处理器不同的特征。例如，当芯片中的一个处理器比另一个处理器慢很多时，可以减少频率低的处理器的工作负载。

此外，多核处理器具有良好的可扩展性。系统可通过复制单核处理器来获得多核处理器，并针对不同的性能和成本的要求改变核的数量。相对于改变处理器的流水线深度或指令获取宽度等其他架构特征而言，改变处理器的核数比较简单。

3.2　若干研究历史及成果

3.2.1　起步：20 世纪七八十年代的研究

多核处理器及多核系统的研究在 20 世纪七八十年代就已开始，如 Transputer、Systolic（脉动阵列）、Wavefront 等。

Transputer[4]是并行处理器研究的先驱。它采用多个相对简单的处理器组合成多核系统。Transputer 是板级的多处理器系统，每个 Transputer 处理器是一个完全独立的系统芯片，不同芯片间的处理器先把并行数据转换成串行数据然后进行芯片间通信。这种核间通信方案可以支持不同字长的处理器系统间的通信，但片间通信速度较慢。

Systolic 处理器[5]是另一个并行计算的先驱。如图 3.7 所示，它把应用程序划分成几个相关联的子任务，然后把这些子任务映射到一个规则的运算阵列中实现并行化的高性能计算。脉动阵列处理器采用同步计算方式，运算阵列以高度规则化的方式发送和接收数据。由于对数据流的定时要求很高，适合于脉动阵列处理器的应用较为有限。有些项目(如文献[6])也可归为脉动阵列，但提供了更灵活的可编程互连结构，使得通信不限于相邻单元。一件非常有意思的事情是 2017 年 Google 发布的 TPU[7]也采用了脉动阵列，有望带动脉动阵列研究的新热潮。

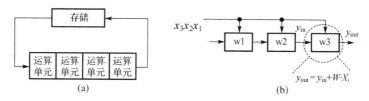

图 3.7　脉动阵列示意图以及利用脉动阵列实现卷积运算示意图

Wavefront 处理器[8]由 Kung 等提出。Wavefront 处理器采用以数据驱动的自定时(异步)阵列处理方法，用数据流的"正确顺序"取代"正确时序"的要求，从而拓宽了应用领域。此外，Kung 等研究并预测了全局长连线的重要性，建议处理单元之间采用异步计算的方式，形成了类似于全局异步局部同步(globally asynchronous locally synchronous，GALS)的基本概念。图 3.8 是 Wavefront 处理器的示意图，与脉动阵列相比，在运算单元之间增加了数据缓冲及握手信号以支持异步数据交互的需求。

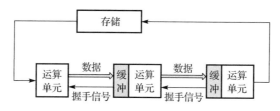

图 3.8　Wavefront 处理器示意图

虽然 20 世纪七八十年代的多核研究已显示出了巨大的潜力,但它们并没能主导市场。其主要的原因在于：增加处理器的时钟频率或者超标量设计等方案要比设计一个全新的多核体系结构更容易，成本更低，程序的可移植性更好。因此，企业没有足够的动力从单核处理器转移到多核处理器。

3.2.2　兴起：2000 年后的多核处理器研究

从 2000 年左右开始，由于单核处理器面临的巨大挑战，多核处理器研究再次获得兴起并持续至今。与传统的分布在多个芯片的多处理器系统相比，现代单芯片多核处理器面临功耗效率难以提升以及全局连线延迟大等难点。此外，许多研究人员致力于编程方法的研究，以简化多核处理器的编程方式。

RAW 处理器[9]是由麻省理工学院研究开发的多核处理器。他们最初的目标应用是基于流的多媒体计算，但后来他们将 RAW 处理器定义为一个通用处理器。为简化日益严重的全局长连线和系统验证复杂度等问题，RAW 处理器采用基于网格 (mesh) 的体系结构，并使用软件来控制处理器间的核间通信、布线以及指令。RAW 处理器采用静态和动态混合的核间通信电路，核间通信延迟仅为 3 个时钟周期。但是，高速而复杂的核间通信电路占用了大约 1/2 的芯片面积。图 3.9 是 16 核 RAW 处理器的版图[9]，基于 4×4 的网格结构，2003 年采用 IBM 0.18μm 工艺实现，单核面积为 16mm^2，整个芯片面积为 331mm^2。芯片工作频率为 425MHz，功耗为 18.2W。2004 年，RAW 处理器在 Tilera 公司实现了商业化。

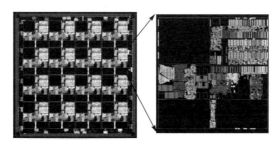

图 3.9　16 核 RAW 处理器及其单核的芯片版图[9]

Imagine 处理器[10]由斯坦福大学研究开发，以流媒体 (stream media) 为主要应用目标。针对流媒体应用的高并行性和高计算局部性，Imagine 处理器研究开发了新的存储层次结构，由本地寄存器堆、全局寄存器堆及存储器组成，其中全局寄存器堆具有很高的带宽，每个时钟周期可获取几十个数据。这个结构适应流媒体应用的需求，大部分计算所需的数据可以在寄存器堆中获取，大幅提高了性能和功耗效率。Imagine 处理器采用 0.15μm CMOS 工艺制造，性能为 4.8 GFLOPS，功耗为 7.42W。2007 年，Imagine 处理器在 Stream 公司实现了商业化。

Smart Memories 处理器[11]是另一个来自斯坦福大学的研究工作。Smart Memories 处理器研究设计了可配置的存储器、连线及计算单元，以适应各种不同的应用特征。研究组在 2004 年基于 TSMC 0.18μm 工艺实现了可重构存储器块，一个可重构的、容量为 512×36bit 的 SRAM 面积为 0.598mm^2（其中 61%的面积为 SRAM，其余为可重构控制逻辑），工作频率为 1.1GHz，功耗为 141.2mW。2012 年，研究组实现了基于可重构存储的 8 核处理器。

TRIPS 处理器[12]由德州大学奥斯汀分校研究开发，目标是通用多核处理器。如图 3.10 所示，为了同时提供可配置的小粒度和大粒度的并行方式，TRIPS 处理器采用超大型的处理器核，每个核是一个 16 宽度的处理器，可以被配置为使用指令集并行、应用级并行和数据集并行等不同的并行方式以适应不同的应用特征。TRIPS 处理器基于 0.13μm 工艺制造。该芯片包含两个大核和一个片上网络（network on chip，NoC），面积为 336mm²，时钟频率为 366MHz，功耗为 36W。

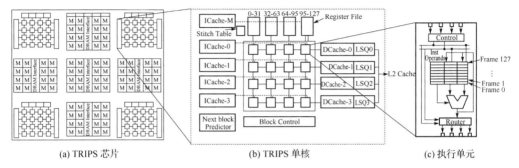

(a) TRIPS 芯片	(b) TRIPS 单核	(c) 执行单元

图 3.10　TRIPS 多核处理器架构图[12]

Intel 公司在多核/众核领域也有一系列的研究。2007 年，Intel 发表了 80 核处理器[13]，以片上网络连接构成了 10×8 二维 mesh 架构。该芯片采用同频异相（mesochronous）时钟，允许不同处理器核之间具有不同的时钟相位，极大地降低了全局时钟的设计难度，提高了系统的可扩展性。芯片基于 65nm 工艺制造，每个核面积为 3mm²，整个芯片面积为 275mm²。在 1V 和 1.2V 的工作电压下芯片工作频率分别为 3.13 GHz 和 4 GHz，性能达到 1 TFLOPS（trillion floating point operation per second）。2010 年，Intel 发表 48 核处理器，单核采用 IA-32 结构，核间通信主要采用消息传递的方式[14]。2014 年，Intel 发表 256 核片上网络，构成 16×16 二维网状结构，同时支持包交换和电路交换两种核间互连模式[15]。

还有许多其他多核处理器研究，如加利福尼亚大学伯克利分校的 PADDI-2 和 Pleiades，斯坦福大学的 Hydra，加利福尼亚大学 Davis 分校的 AsAP 和 Synchroscalar，华盛顿大学的 RaPiD，Picochip 公司的 PC102，NEC 公司的 IMAP CE，Xelerated AB 的 NPU，CISCO 公司的 Metro，IBM、Sony 和 Toshiba 合作的 CELL，IntellaSys 公司的 SEAForth，Mathstar 公司的 Arrix FPOA，RAPPORT 公司的 KC256，Ambric 公司多核处理器，CEA LETI 研究中心的 FAUST，Cavium network 公司的多核处理器等。

3.2.3　成熟：20 核左右通用多核处理器

经过 10 余年的发展，目前的通用处理器产品普遍集成 10 个核左右，而集成 20 个核左右的处理器产品也已面世。

Intel 在 2018 年推出了 28 核 SkyLake-SP 处理器[16]，用于下一代至强服务器，图 3.11 是其架构图。该处理器的制造工艺为 14nm 3D CMOS，11 层金属。处理器集成 1MB L2 缓存和 1.375MB L3 缓存，支持 6 个 DDR4 通道。图 3.12 是芯片图，其中 IMC 是 3 通道 DDR4 及 2 个存储控制单元，CGU 是时钟产生模块(clock generator unit)，PMU 是功耗管理单元(power management unit)，每个处理器核(core tile)包含至强处理器核、缓存及缓存控制单元。

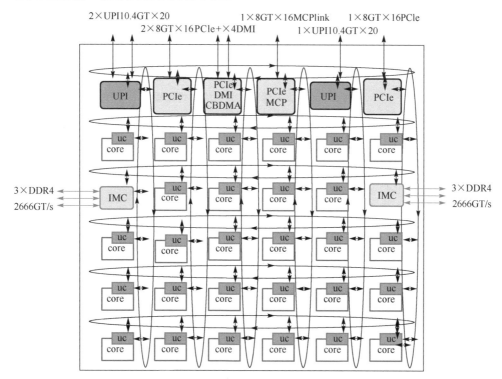

图 3.11　28 核 SkyLake-SP 处理器架构图[16]

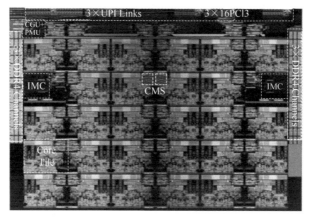

图 3.12　28 核 SkyLake-SP 处理器芯片图[16]

3.3　多核处理器的核间通信方式

3.3.1　共享存储及消息传递核间通信方式

多核处理器的核间通信方式可以分为共享存储和消息传递两大类，表 3.1 列举了它们的特征。

表 3.1　多核处理器核间通信方式比较

多核处理器核间通信方式	特征	实现方式
共享存储	逻辑上具有统一寻址的存储	存储器在物理上是集中的，形成集中式共享存储
		存储器在物理上是分开的，形成分布式共享存储
消息传递	存储器在逻辑上是分开的，不具有统一的寻址方式	存储器在物理上通常是分布式的

共享存储核间通信方式的基本思想在 20 世纪 70 年代就已形成[17]，是使用最广泛的多核通信方式，具体可分为集中式共享存储和分布式共享存储。如图 3.13(a) 所示，集中式共享存储多核处理器通过一个物理上集中的、逻辑上共享的存储器组合成一个整体。为减少处理器与存储器之间的数据交互，每个处理器一般有私有的缓存。这个方案结构简单，编程模型也相对简单。但随着处理器核数的增加引起了两个挑战：①处理器对私有缓存的读写会影响共享存储及其他处理器私有缓存数据的有效性及状态，导致缓存一致性的问题，这个问题会在 3.3.2 节阐述；②集中式的共享存储器缺乏可扩展性，容易成为系统瓶颈。为缓解系统可扩展性的问题，一个解决方案是采用分布式共享存储方案，如图 3.13(b) 所示。在这个架构中，共享存储器在物理上分布在多个位置，然后配以灵活的互连电路，从而提高共享存储器的可扩展性。这个方案导致的一个问题是处理器到不同存储位置所需的时间不同，因此也称为不对称(asymmetric)多核处理器。相对应，集中式共享存储多核处理器称为对称式多核处理器。

图 3.13(b) 还可以用来表示消息传递 (message passing)多核处理器。消息传递多核处理器中的存储器在物理和逻辑上都是分布的，处理器间的通信通过点对点的方式实现。消息传递通信方式传统上用于多芯片处理器系统，但鉴于共享存储方案的挑战，有研究开始把消息传递方案用于单芯片多核处理器系统，如 Intel 公司的 48 核处理器[14]。消息传递多核处理器结构简单、可扩展性好，但是编程方式相对复杂，目前仍未成为主流方案。

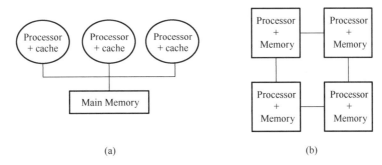

图 3.13 集中式共享存储多核处理器及分布式共享存储或消息传递多核处理器

3.3.2 共享存储多核处理器的缓存一致性

1. 缓存一致性问题简介

在共享存储多核处理器中，每个处理器通常有私有的缓存。某处理器对其私有缓存中写数据会影响该数据在共享存储及其他处理器私有缓存中的有效性及状态，这就是缓存一致性的问题。该问题是共享存储多核处理器的关键难点之一。图 3.14 是由三个核组成的多核系统的缓存一致性基本概念的示意图。处理器 P_1 和处理器 P_3 的缓存中均有来自共享存储的数据 u，数值为 5。处理器 P_3 把 u 从 5 修改为 7 之后，必须改变其自身的状态，并通过某种手段通知 P_1 这一变化，否则 P_1 和 P_2 在后续操作中如果要读取 u 就会获得不准确的数据。

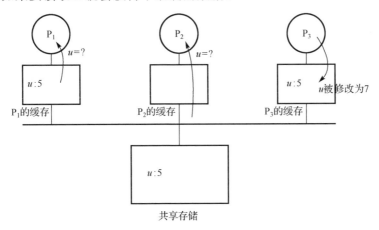

图 3.14 缓存一致性示意图

2. 集中式共享存储的缓存一致性：基于监听的方式

基于监听(snooping)的方式是缓存一致性的主要解决方案之一，特别适合集中式共享存储。这种方案在每个缓存块中增加一个状态，根据处理器读写缓存信号及总线信号来改变状态。

缓存状态具有不同的设定方式。图 3.15 是基于 MSI（modified-shared-invalid）缓存一致性协议的状态机。这里缓存写策略采用写回（write-back）方式，缓存中的数据只有被替换掉时才会写回共享存储。缓存块在修改（modified）、共享（shared）、无效（invalid）三个状态间变化。modified 表示该缓存块中的数据已被该处理器修改，与共享存储中的数据不一致，当该缓存块要被替换或者其他处理器需要读取该存储地址时，需要写回共享存储。shared 表示该数据与共享存储中的数据一致，并且可能多个处理器均有这个数据。invalid 表示该缓存块无效。缓存状态机的输入信号包括来自本地处理器的缓存读写（CPU 读命中，CPU 读缺失，CPU 写命中，CPU 写缺失）以及来自总线的信号（总线读缺失、总线写缺失、总线无效使能信号）。缓存读写命中或缺失的概念跟单核处理器中的概念一致，而总线无效使能信号是多核处理器特有的。当缓存块处于 shared 状态时，如果有 CPU 写命中信号，该缓存块的状态会改变为 modified，同时会在总线上发送无效使能信号，该缓存块在其他处理器中的数据需要设为无效。伴随着缓存块状态变化的还有针对缓存的相关操作。例如，缓存块的初始状态通常为 invalid，当本地处理器对它进行读操作时，会产生读缺失并从共享存储器中把该数据块搬移到缓存，缓存块的状态变成了 shared。

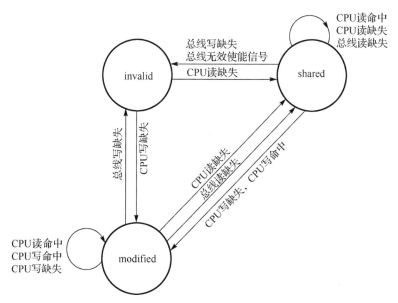

图 3.15　MSI 缓存一致性协议的状态机

监听方式的硬件实现比较简单，但是每次缓存的操作需要以总线广播的方式通知所有的处理器，增加了总线的负担，提高了数据交互量，系统可扩展性较弱。

3. 分布式共享存储的缓存一致性：基于目录的方式

除了基于监听的缓存一致性解决方案，还有基于目录（directory based）的方式。该方式在共享存储器的每个块(block)中增加一个状态及目录，用于表示该存储器数据块的一致性状态以及有哪些处理器的私有缓存拥有该存储块。目录信息可以在缓存状态发生变化时精准地确定需要通知哪些处理器，从而降低了数据通信量，在一定程度上缓解了基于监听模式的弱点。为了较好地利用目录的优势，通常需要采用点对点的互连方式，比较适合分布式共享存储多核处理器。

基于目录缓存一致性方案仍然需要在缓存块中包含状态，可以与基于监听方案中的状态机相同，如采用 MSI 协议。另外，需要增加共享存储的每个块的状态机及其目录。一个比较典型的协议称为 modified-shared-uncached，如图 3.16 所示。状态的定义与 MSI 协议中的状态类似。modified 表示该存储块中的数据已被修改，并需要在目录的参数 sharers 中记录是哪个处理器修改了该数据。shared 表示该存储块中的数据还存储在若干处理器中，并需要在目录的参数 sharers 中记录是哪些处理器拥有该数据块。uncached 表示存储块不在任何处理器中。

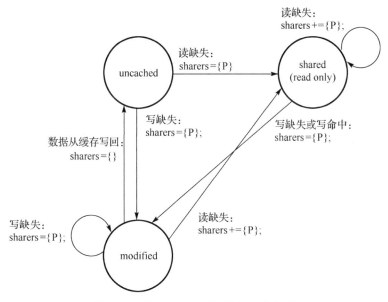

图 3.16　缓存一致性目录的状态机协议

4. 缓存一致性的影响

缓存一致性提高了系统的复杂度并影响了性能。相对于单核处理器中的缓存缺失，多核处理器中的缓存还增加了由于其他处理器的操作导致的缓存缺失，称为一致性缺失（coherency miss）。随着核数的不断增加，一致性缺失对系统性能的影响越来越大，成为系统性能进一步提升的瓶颈，缓存一致性遇到了极大的挑战。

存储一致性的详细介绍可参考文献[18]等处理器体系结构的经典书籍。

3.3.3　共享存储和消息传递混合型核间通信方式研究

如 3.3.1 节所讨论的，共享存储和消息传递核间通信方式各有优缺点，适用于不同的情景。一般来说，当需要传输的是较大的不可分割数据块时，共享存储核间通信是较好的解决方案，可以利用简单的编程模型，通过处理器单元与共享存储单元之间的互连通道快速进行数据搬移。而当需要传输的是频繁的、零散的数据包时，共享存储核间通信方式会导致频繁的访存仲裁，因此采用消息传递机制是比较合适的。大部分应用中的数据交换可以分为运算数据流和控制数据流两类。前者大多为大块连续的数据传递，用共享存储核间通信较为合适。而控制数据多为频繁、零散的数据包，用消息传递核间通信更合适。表 3.2 总结了两种通信模式的特点及其适用的情景。

表 3.2　共享存储与消息传递核间通信机制对比

参数	共享存储核间通信	消息传递核间通信
适用对象	大块、连续的数据传递	频繁、零散的数据传递
优点	编程模型简单	可扩展性好
缺点	可扩展性差	信道不确定性
通信信道	共享存储单元	片上互连网络
常用情形	运算数据流	控制数据流
示意图		

鉴于共享存储及消息传递方式各具优缺点，把两种方式合理地集成起来有望同时获得高效性及可扩展性。麻省理工学院的研究项目 Alewife 在 1999 年就已初步提出了这一设想[19]。而复旦大学的研究团队则利用一个簇状的多核结构及片上互连网络，成功实现了高效的融合共享存储及消息传递通信方式的 16 核处理器[20,21]。该结构也具有良好的可扩展性，可以通过增加簇的数量来提高系统的性能。图 3.17 是其示意图。

该多核处理器把整个芯片分成多个簇，每个簇由 8 个处理器核及 1 个簇内共享存储器组成。簇内的处理器可以直接访问其共享存储器的数据，实现较为高效的数据交换，较适合在簇内通信的大块数据。另外，2D mesh 片上网络互连支持处理器之间实现消息传递通信，从而实现扩展性较好的核间通信，较为适合簇间的通信。处理器核和共享存储器都有自身的路由器连接到片上网络，源处理器可以把数据直接发送到另一个处理器核或者数据存储器。

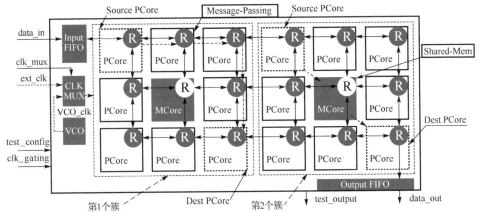

图 3.17 融合共享存储和消息传递的核间通信方式的多核处理器

消息传递通信方式需要相应的硬件支持。通常会在处理器的输入口和输出口中加入先进先出队列(FIFO)作为数据接收和发送的缓冲。当处理器 A 发送数据给处理器 B 时，实际是先发送数据至处理器 A 的输出 FIFO，然后再通过路由电路传递到处理器 B 的输入 FIFO。对于 FIFO 的读写，FIFO 端口可以映射到存储器地址空间，然后用 load/store 进行 FIFO 的读写。也可以扩展寄存器堆地址，把 FIFO 端口映射到寄存器堆地址中，并使用寄存器操作指令访问 FIFO。

图 3.18 是该多核处理器的芯片实现图。该芯片采用 TSMC 65nm LP 工艺实现，单核工作频率为 750MHz，功耗为 34mW。

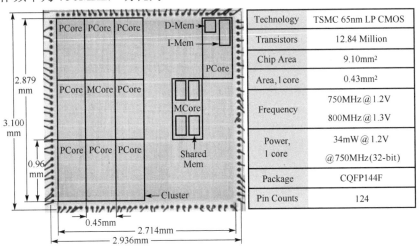

Technology	TSMC 65nm LP CMOS
Transistors	12.84 Million
Chip Area	9.10mm²
Area, 1 core	0.43mm²
Frequency	750MHz@1.2V / 800MHz@1.3V
Power, 1 core	34mW@1.2V @750MHz(32-bit)
Package	CQFP144F
Pin Counts	124

图 3.18 融合共享存储和消息传递的 16 核处理器芯片照片

3.4　片上互连网络

片上互连网络有不同的含义。从广义来说，任何用于芯片的互连均可以称为片上互连网络。但目前，片上互连网络更多的是指借鉴互联网的路由方式，在处理器核中加入类似路由器的电路进行互连的方案[22,23]，通常称为片上网络。片上网络的内容主要涉及拓扑结构(topology)、路由(routing)、仲裁(arbitration)、交换(switching)等[18]。拓扑结构定义各单元之间的连接方式，决定了可能的互连路径。路由方式决定从源地址到目的地址可以走的路径。仲裁方式决定当某些资源冲突时如何处理。交换方式决定数据传递的方式。本节首先对拓扑、路由、仲裁等问题进行简单介绍，然后重点探讨包交换、电路交换及混合型交换方式。

3.4.1　互连拓扑结构及路由

1. 拓扑结构

多核处理器中的互连网络存在多种互连拓扑。最基本的拓扑结构是总线(bus)，所有处理器通过全局总线进行通信。总线结构简单，但可扩展性较弱，节点数的不断增加会导致总线的拥塞，降低通信性能；此外，在现代制造技术中，长导线的延迟/功率增加也使总线逐渐无法适应需求。

交叉开关(crossbar)提供从一组单元(处理器、存储器、加速器等)到另一组单元的网格式开关连接阵列，比较适合共享存储体系结构中一端为处理器另一端为存储器的连接方式。它能提供比全局总线更强大的通信能力，但其复杂度随节点数目呈指数增长。总线和交叉开关之间的混合拓扑称为多级拓扑，其网络由多个阶段组织，每个阶段提供交叉互连的一部分，具体方式包括 Omega[24]和完全混洗(perfect shuffle)[25]等。

针对消息传递通信模式，最直接的拓扑是完全连接的网络，其每个节点都与其他节点直接连接。但是完全连接方案存在连接数量过多的明显缺点。适用于消息传递通信模式的其他拓扑包括：一维线性阵列(图 3.19(a))，每个节点与它的两个邻居连接；二维网格阵列(图 3.19(b))，每个节点与其四个邻居连接；三维网格即立方体 (图 3.19(c))，每个节点与其 6 个邻居连接；环状结构(图 3.19(d))，它在一维线性阵列的两端增加了一个连接，把最大间隔距离减少了 1/2；二维圆环(图 3.19(e))，类似于环状结构，它在二维网格阵列的首位两端增加了一个连接，从而减少了最大间隔距离，但是，这种结构的弱点是增加了许多长距离连线。二维网格跟二维芯片的布局比较类似，目前应用较为广泛。

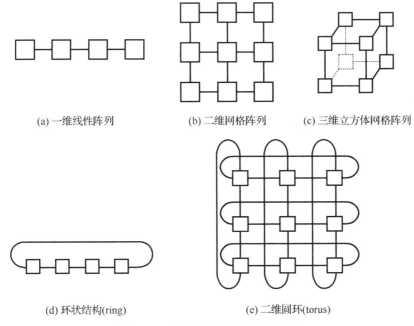

(a) 一维线性阵列　　　(b) 二维网格阵列　　　(c) 三维立方体网格阵列

(d) 环状结构(ring)　　　　　(e) 二维圆环(torus)

图 3.19　若干基本的互连拓扑结构

2. 路由

互连网络的路由方式定义了从源地址到目标地址所允许的路径。路由需要尽可能地选择较短的路径，并使通信负载较为均匀地分布在网络上，尽量减少网络阻塞。

路由方式可以分成源路由和分布式路由。源路由根据源地址及目标地址的关系，在一开始便决定数据传递的路径；而分布式路由由每个中间节点决定下一步的路径。

在路由路径的选择上特别需要注意的是死锁(deadlock)的问题。当多条路由路径需要同时占用一个资源(如路由链路或缓冲区)，但该资源一直无法释放时，就会产生死锁。图 3.20(a)是产生路由死锁的一个实例。图中 s_1、s_2、s_3、s_4 需要分别发送数据包至 d_1、d_2、d_3、d_4，但是在最后一步时受到阻塞(s_1 至 d_1 的路径被 s_2 至 d_2 的路径占据，s_2 至 d_2 的路径被 s_3 至 d_3 的路径占据，s_3 至 d_3 的路径被 s_4 至 d_4 的路径占据，s_4 至 d_4 的路径被 s_1 至 d_1 的路径占据)，形成了一直相互等待、相互阻塞的状态。图 3.20(b)是解决路由死锁的一种方法，称为 X-Y 路由算法，该路由方法先走完 X 方向再走 Y 方向，避免了各条路径之间产生相互等待的环路。

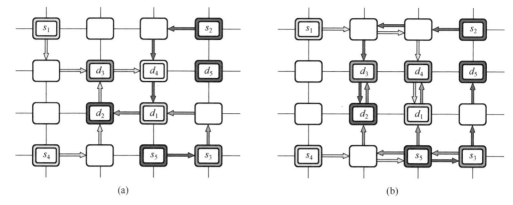

图 3.20　路由死锁产生的一个实例及避免路由死锁的一种方法[18]

3.4.2　交换电路：包交换及电路交换

互连网络的交换方式可分为包交换 (packet switching) 和电路交换 (circuit switching) 两种。

1. 包交换

包交换网络在传输时将数据划分为一个一个的数据包，并进行封装，添加目的地址、源地址、包的类型等控制信息。互连网络会将控制信息和包内的数据一起传输。数据包在传输过程中暂存在网络路由器的 FIFO 中，路由器会根据包内的控制信息决定将其传往哪个方向，然后将其写入下一个节点路由器的 FIFO。整个传输过程中，数据包并不独占通信路径，各节点的路由器将当前数据包传递到下一个节点后就可以响应其他数据包的请求。包交换网络的数据包传递的方式有两种：一种称为先存储再发送 (store and forward)，另一种称为虫洞 (worm hole)。先存储再发送方式中路由器会将数据包里的数据暂存下来，等整个数据包的数据都到达此节点，才会将它们传送到下一个节点。这种方案的优势是不容易发生阻塞，数据包是整体传输的，传输中不会出现停顿，在节点间传递时占用通路的时间短，但它需要路由器缓冲的存储容量比较大，而且在每个包中，前面的数据都要等后面的数据到达了才能继续传输，造成通过每一个节点的延迟很大，性能下降。所以，虫洞式的传输方式是更为优越的方式。在虫洞方式中，数据包可以分散在多个节点上。数据包的包头含有其传输需要的信息，路由器仅根据包头就可以将其传输到下一个节点，包头传递完后，相当于占有了此路由器的输出口，直到整个包都传递完才释放。包头后的数据就相当于在包头打通的一个个节点中进行传输。与电路交换网络的路径建立相比，这种包头打通各个节点的方式并没有建立和释放的开销，而是数据紧跟着包头传递，但也一样有类似的独占性。如果发送端在发出包头后数据不连续，发送中有较长的停顿，那么可能会导致这个包传递的路径被占用很长时间，导致其他数据包的阻塞。

解决网络阻塞的一个有效方法是采用虚拟通道(virtual channel)，如图3.21所示，把一个端口中的输入缓冲分成若干个小的缓冲，这样可以让多个通信复用同一个端口及端口的互连线。每个端口都含有 2 个或者多个虚拟通道，每个数据包的传递只占用其中一个通道。当一个虚拟通道的数据还没来时，输出端口可以先输出其他虚拟通道中的数据。通过这种方法，包头打通的路径实际并不独占输出端口，而只是占有其虚拟通道，其他通信仍然可以正常传输。采用虚拟通道技术虽然可以减少阻塞，但是由于每个虚拟通道都必须有自己的 FIFO 及控制，会增大路由器的面积和功耗。

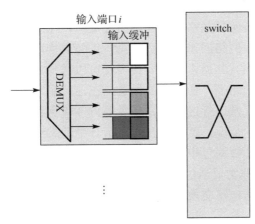

图 3.21　虚拟通道示意图

2. 电路交换

电路交换网络在进行数据传输前先要在发送源和目的地之间建立一条实体线路，此通路一旦接通，就被发送源以及目的地处理器核独占，然后两者就可直接进行数据传输，数据在整条路径中并不暂存，传输过程中也不需要额外的控制信息，类似于点对点的直接通信。

由于电路交换中的数据通路是被发送端和接收端独占的，通常在芯片初始化时就将通信的路径配置好，在正常运行过程中尽量不再新建路径，因此容易出现数据通路不够的情景。文献[26]分析了采用电路交换网络的处理单元具有不同输入端口(图3.22)情况下的面积开支和性能。发现处理器核若只有 1 个输入端口则性能较差，而当处理器有 2 个、3 个或 4 个输入端口时，性能类似。因此，每个处理器设计两个输入通道是比较合适的选择。

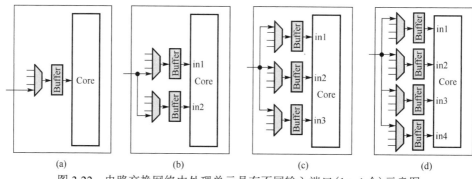

图 3.22　电路交换网络中处理单元具有不同输入端口(1～4 个)示意图

3. 包交换和电路交换优缺点分析

包交换和电路交换两种网络都有各自的优缺点，如表 3.3 所示。灵活性是包交换网络相对于电路交换网络的重要优点。第一，包交换网络可以随时实现网络中任意两点之间的通信，而且其路由算法有很多种可以选择。但在电路交换网络中，要先建立源和目的之间的路径，最常用的做法是在芯片刚上电时，处理器就将通信的路径配置好，然后在正常运行过程中，尽量不再新建路径。如果出现一个核需要与多个核交替进行通信的情况，就需要在程序运行中动态地配置路径，开销较大。第二，包交换网络由于在数据包中加入了控制字，可以规定多种类型的包(如数据包、同步包等)，可以构建非常灵活的通信协议。在接收端的接收模块可以对不同的包采取不同的处理方式。而电路交换网络通常只是单纯地进行数据传输，传递的内容在接收端都认为是数据。第三，包交换网络的使用方便灵活，发送端不用关心当前网络的状态，也不需要关心数据是如何传递的，只需要将数据写入路由器即可，然后就可以进行下面的处理。而在电路交换网络中，需要先建立从发送端到接收端的路径，然后才能开始通信，这个路径必须要由发送端或者接收端来维护。

表 3.3　包交换网路与电路交换网络对比

参数	包交换网络	电路交换网络
灵活性	高	低
资源利用率	高	低
能量效率	低	高

另外，由于在电路网络中的通信路径是被独占的，在传输过程中，就算路径上是空闲的，也不能传递别的发送端的数据。而在包交换网络中，一个包传递完毕后就可以立即响应下一个包，路径是共用的。因此，通常情况下包交换网络的资源利用率要高很多。

但是电路交换网络也有其优点，最重要的是能量效率高。在电路交换网络中，路径中的中间节点不需要存储，极大地减少了传输功耗，而相比之下包交换网络在每个中间节点都要经过 FIFO 暂存，而 FIFO 的功耗是整个路由器里面最大的，所以其能量效率就低了很多。另外，包交换网络中发送端需要进行数据的封装，加入控制信息，接收端需要对包进行分析，也会带来较大的开销。而电路交换网络中，一旦路径建立完毕，无论传递多少数据都不会再有额外开销。

3.4.3　包交换和电路交换混合型片上网络研究

由于包交换和电路交换各有优缺点，有研究将这两种网络融合在了一起构成双层网络[27]，既保持了包交换网络的灵活性，又可以达到电路交换网络的高能量效率。

1. 双层片上网络总体结构

图 3.23 是双层片上网络结构图。电路交换节点主要由数据选择器构成，每个节点共有 5 个数据选择器，分别对应东、南、西、北、本地这 5 个输出口，其任务就是要选择将哪一个方向的输入数据从本输出口输出。要建立电路交换网络中的数据通路就要修改这些端口的控制字。电路节点数据选择器的控制字由包交换路由给出。通过这种方式，当建立数据通路时，只需要通过包交换网络发送配置包到各个需要的电路交换节点，就可以构建出从发送端到接收端的链路，解决了电路交换网络很难实时配置的问题。而且，在硬件层面对电路交换网络的路径没有任何要求，通过配置包可以采用任意的连接路径。这样，当有冲突发生时，就可以采取非常灵活的路线绕行方式。

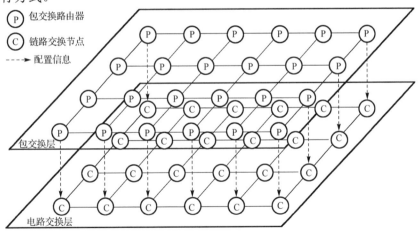

图 3.23　双层片上网络结构图

在双层网络中，包交换层和电路交换层都可以用来传递数据，但两者适用的场景不同，图 3.24 是两者传输延迟随传输数据量变化的示意图。在包交换层中，每个数据包内嵌一个包头，数据包的开支与数据传递规模成正比，没有数据传输前开支为 0。而在电路交换网络中，首先需要建立通信路径(类似于初始化)，然后就可以快速地进行数据通信。在数据量较小的情况下，电路交换网络的初始化开支明显，包交换网络会比较快。但在数据量大的通信中，则电路交换网络更加快速。两者的临界点跟具体的包交换网络和电路交换网络的设计方式有关，文献[27]的研究表明其临界点为 33 个字左右。因此，包交换网络适用于对电路交换网络的控制以及传递比较零散的数据（如控制数据、同步信息等），而电路交换网络适用于传递大规模的数据。此外，如果只从功耗的角度考虑，由于包交换网络需要 FIFO 作为中间数据的缓冲，而电路交换类似于直接连接，电路交换的优势会更加明显。

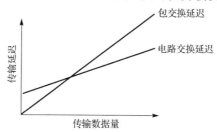

图 3.24　包交换和电路交换网络数据传输延迟的比较

　　采用这种双层网络的结构看似多了很多逻辑，要产生额外的面积开销，但实际上却并非如此。在包交换网络的路由中，FIFO 的面积和功耗都占整个路由器面积和功耗的 80% 以上。但是在双层网络中，由于大量数据都是用电路交换网络传输的，包交换网络的负载比较低，所以可以减少 FIFO 的深度。例如，在纯包交换网络中，使用 FIFO 深度为 16 个字的情况下，在双层网络中，包交换路由器中 FIFO 深度为 4 个字左右就可以达到更好的效果。而电路交换网络节点不含有 FIFO，大部分逻辑都是多路选择器，其面积很小。所以整体来说，实际上双层片上网络的面积和功耗开销并没有增大，反而还有一定的降低。

　　两层网络可以互相独立，两层中的数据传输互不影响，只是电路交换网络节点的配置信息会通过一个特殊类型的包来传递。如果包交换网络和电路交换网络的位宽都是 32 位的，则两个相邻的节点间共有 64 条数据互连线。两层网络也可以融合得更紧密，采用共用互连线的方案，即包交换网络和电路交换网络共享 32 条数据互连线，当电路交换网络不使用此数据通道时，这些互连线用于传递数据包。而需要建立电路交换链路时，则这些互连线配置被电路交换网络占用。这样设计的好处是减少了互连线资源，但可能造成电路交换网络占用互连线很长时间，导致包交换网络阻塞，一些控制和同步等关键信息的传递延迟会很大，这会对整体性能造成较大影响。另外，实际应用中，通信关系比较固定，建立好电路网络的路径后就尽可能不再释放已经占用的资源，省去再次建立路径的开销。因此，通常两个网络采用互相独立的设计方案有一定的优势。

　　2. 包交换网络设计

　　包交换网络路由器结构图如图 3.25 所示。由于网络使用的是二维网格型的拓扑结构，所以每个路由器会与位于其东、南、西、北四个方向的路由器交换数据，另外还有一个本地端口，用于和此节点上的处理器核交换数据。对每个端口来说，输入的数据通过 FIFO 暂存，输出端口直接写入相邻节点路由器的 FIFO 中(也有些设计会在输出端口设置 FIFO 暂存)。如前面所分析，由于大部分数据通过电路交换网络传送，包交换路由器中 FIFO 的深度可以较浅。除了 FIFO 外，路由器主要含有路径控制逻辑以及各个端口的仲裁逻辑这两部分。路径控制逻辑会一直监视各个输入端口的 FIFO，看其中是否有需要传递的数据。若 FIFO 中有数据，那就会对数据的包头进行解析，得到需要传递的方向和数据包的长度等信息，然后把这些信息传递到该方向输出端口对应的仲裁器。仲裁器根据优先级从所有对该端口的请求中选出将要响应的请求，并配置该输出端口的多路选择器，将此请求对应的输入 FIFO 中的数据输出，而其他未响应的请求对应的数据将一直停留在输入 FIFO 中，等待下次仲裁。

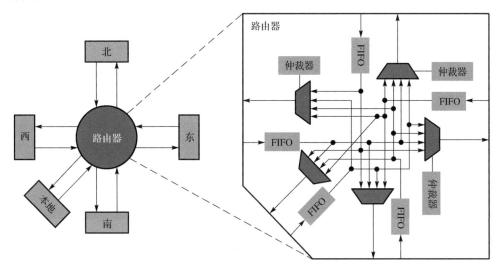

图 3.25　包交换网络路由器结构图

3. 电路交换网络设计

在电路交换网络中，电路节点的设计非常重要。因为数据在传输过程中直接从发送端传递到接收端，如果传输路径过长，由于一些电路的非理想因素，如串扰、上升沿和下降沿传输速度不一致，数据的质量下降，或者数据位间的离散扩大，需要对电路进行优化。

如图 3.26(a)所示，在发送端刚输出时，所有数据位和时钟是对齐的。但在电路网络中，各位的传输延迟是不可能完全一样的，有的数据位传输速度快，有的传输慢。在经过了很长的链路通路传输后，在接收端实际看到的信号可能如图 3.26(b)

所示，此时再用时钟去采样，得到的数据可能来自于不同的周期，也就完全错了。因此，需要在节点设计时，尽量控制数据位间不平衡的程度。

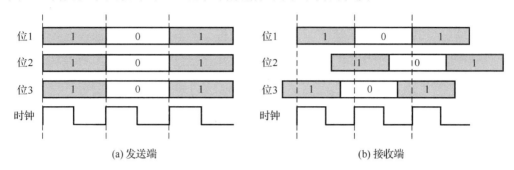

(a) 发送端　　　　　　　　　　　　　(b) 接收端

图 3.26　数据传输中离散示意图

图 3.27 及图 3.28 是电路交换网络节点的电路结构图及其版图，主要由各个端口的多路选择器组成，每个端口负责根据要求（direction 信号）将输入连接到下一个节点。每个输出口都包含数据、时钟、数据有效位等信号，还包含接收端反馈回来的 FIFO 满（full）信号。这种时钟和数据一起传输的方式称为源同步（source synchronize），时钟在接收端会用于数据的恢复。源同步方式不需要在一个周期内将数据从发送端传递到接收端，而是将数据和时钟在链路通路上同步传递，链路的延迟可以为多个周期，但发送端仍然可以每个周期都输出新的数据。这极大地增强了网络的可扩展性，处理器的频率也不会受到长距离通信的限制。在数据传递时，无法确定数据要经过多长时间才能到达接收端，所以链路网络的通信通常是异步的，在终点使用异步 FIFO。由于路径的延迟可能有多个周期，对 full 信号的反馈要特殊处理。如果等接收端的 FIFO 满了之后才使 full 信号有效，那么仍然在路径中传输的数据以及 full 信号传递过程中所发出的新数据都无法写入 FIFO，数据丢失。所以当接收端 FIFO 快要满时就让 full 信号有效，留有一定的接收余量。具体余量的大小和通信的距离有关，需要可配置。

为了减小节点中各位间的离散程度，保证传输数据的准确性，可以加入多种传输模式配置方式，如图 3.27 中的 inv、invclk、reg 等，其中 inv 配置用于将输出数据取反，invclk 将时钟信号取反，reg 利用寄存器将数据重新同步。inv 数据取反是为了使电路传递 0 和传递 1 的延迟以及数据上升沿和下降沿平衡。在传输时，如果路径中的节点都配置成数据取反，则本节点为 0 的数据下一个节点就为 1，本节点的上升沿到下一个节点就会变成下降沿。invclk 用于调整时钟的采集沿，可以延后半个周期再采集数据，用于避开数据的变化沿，采集稳定处的数据。reg 模式用寄存器采集数据重新同步后再输出。

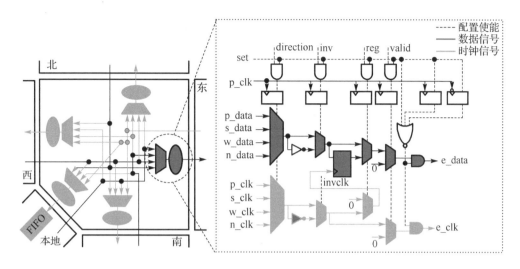

图 3.27 电路交换节点的电路结构图

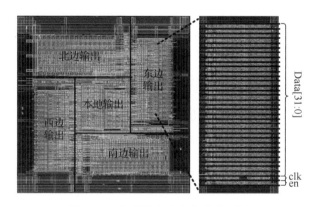

图 3.28 定制的电路交换节点版图

另外需要注意的一点是当配置切换时，毛刺可能造成错误的数据传递。如图 3.29 所示，此时需要把北边来的数据输出到东边，则需要把东边端口的 direction 配置为 11。由于其初始状态为 00，那么这两位不会同时变化，而是要经历 00->01->11 的变化过程。而 01 对应的是南边的输入，所以在变化过程中会短暂地将南边的数据输出到东边的状态。在图 3.27 的电路中还加入了 valid 信号，当这个信号有效时，此端口才能输出数据，否则其输出固定为 0。当此端口未被使用或者在进行配置时，此信号都是无效的，只有当其控制字稳定后才能正常输出。

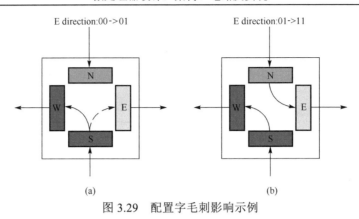

图 3.29　配置字毛刺影响示例

3.5　面向多核及众核的时钟设计

集成电路及处理器普遍采用同步时钟电路。但是，工艺尺度的不断缩小使得长距离连线及工艺偏差的影响不断增大，而芯片面积也在不断增加，这些导致高速全局同步时钟的设计难度不断增加，功耗也不断增加。目前高性能处理器中时钟电路所占的功耗可达到整个处理器芯片的 1/4。此外，全局同步时钟限制了局部电压及频率的控制方案，不利于功耗效率。异步时钟电路完全去掉时钟，具备潜在的速度及功耗效率的优势。但目前，异步电路所需的额外控制电路开支较大，并且 EDA 工具的支持还不够完善，还没有大规模的实用化。因此，同步电路与异步电路的折中，同频异相（mesochronous）及全局异步局部同步（GALS）[28]的时钟设计方案成为了研究热点。

3.5.1　同步时钟的设计

目前绝大部分的芯片采用一个同步时钟来控制芯片。简化的、理想的时钟是一个高频振荡的方波，并在同一时刻传递到整个芯片的所有寄存器，控制芯片的工作步骤。但由于时钟需要接到所有的寄存器，有着巨大的负载，如果直接用一根线把时钟源连接到寄存器则时钟的上升和下降时间会极其缓慢，因此需要在两者之间插入大量的缓冲器来提高时钟的速度，这就产生了一个复杂的时钟网络。复杂的时钟网络使得时钟源到达各个寄存器的时间会有一定的区别，产生了时钟在空间上的偏斜（skew）。此外，时钟源和时钟网络的偏差（variation）还会导致时钟网络在不同的时间产生一定变化，形成抖动（jitter）。时钟的偏斜和抖动对系统的性能会产生较大的影响，时钟网络的设计需要尽可能地减少偏斜和抖动。

图 3.30 是常见的同步时钟分布网络示意图，包括主干（trunk）、时钟树（tree）、H-tree、网格（mesh）。各种方案都是由比较对称的缓冲网络组成的，时钟源到达寄存器的时间尽可能相等。图 3.31 是一个时钟树设计示意图，其中的关键参数包括时钟树的延迟（delay）、缓冲器的变化时间（trans，time）以及偏斜等。

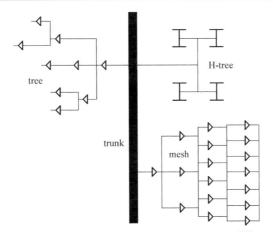

图 3.30   常见的同步时钟分布网络示意图[29]

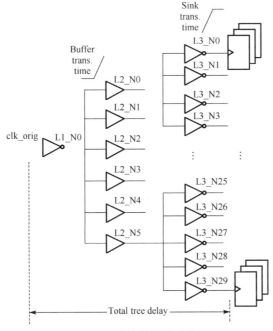

图 3.31   时钟树设计示意图

3.5.2   同频异相时钟多核处理器

同频异相时钟通常在单核内部采用同步时钟,但允许不同处理器核之间具有不同的时钟相位,降低了时钟的设计难度,提高了系统的可扩展性。Intel 发表的 80 核处理器[13]采用了该方案。如图 3.32(a)所示,PLL 的时钟输出两个互补的时钟信号,通过比较高层的金属(如第七和第八层)分布到整个芯片,然后两个互补的时钟信号转换成一个方波时钟信号进入各个处理器核。图 3.32(b)是全局时钟到达各个处理器核的时间分布图。可以看到，比较快的到达时间小于 50ps，比较慢的近 250ps，相差 200ps 左右。对于 4GHz 左右的处理器而言，200ps 基本等同于一个时钟周期。这个时钟到达的分布差异就形成了各个处理器核之间相位的差异。

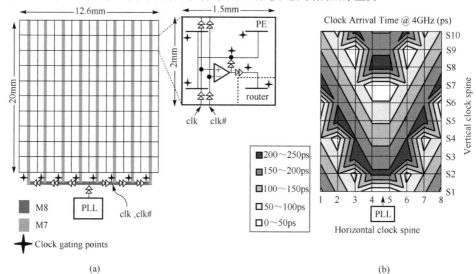

图 3.32   同频异相时钟和全局时钟到达处理器核时间分布示意图[13]

同频异相时钟导致各个处理器核具有不同的相位，从而要求处理器核之间的通信必须能容忍数据相位的差异。处理器核之间通常需要加入 FIFO 来作为数据传递的缓冲及时钟的同步。

3.5.3   全局异步局部同步多核处理器

GALS 时钟把芯片分为若干模块，每个模块内部采用同步时钟，但各模块之间的时钟相互独立没有关联。对于多核处理器而言，可以比较自然地把一个处理器核或若干个处理器核组成一个时钟域。GALS 多核处理器降低了全局时钟功耗及设计难度，并且可以对每个时钟域提供高效的电压及频率调整，提高了功耗效率。加利福尼亚大学 Davis 分校完成的 AsAP 多核处理器采用了 GALS 的方案，每个核采用尽量简单但功耗效率高的处理器核，用大量的并行化来得到高性能计算[30,31]。

1. GALS 多核处理器架构

图 3.33 是一个 6×6 的 2 维网格结构 GALS 多核处理器框架示意图。每个处理器核包含运算单元（ALU、MAC 等）、控制单元、存储（指令存储 IMem、数据存储 DMem），与传统 RISC 处理器类似。此外，每个处理器包含一个时钟产生电路（通过 OSC 或时钟分频产生），为该处理器核提供时钟，每个处理器的输入端还有两个双时钟域 FIFO（dual-clock FIFO），作为缓冲接收来自其他处理器的数据，并解决不

同时钟域的数据同步问题。双时钟域 FIFO 的读时钟与本地处理器一致，而写时钟来自源处理器(即产生数据的处理器)。每个处理器可从它的两个邻居处理器接收数据，并把运算结果发送给任意邻居处理器。

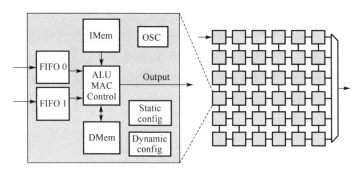

图 3.33　GALS 多核处理器框架图

图 3.34 是单核处理器框架，是一个简单的 RISC 处理器核，包括 9 级流水：取指(IFetch)、译码(Decode)、存储器读(Mem Read)、数据源选择(Src Select)、三级计算(EXE1、EXE2、EXE3)、结果选择(Result Select)、写回(Write Back)。FIFO 作为一个数据源嵌入流水线中。另外有可配置的地址产生电路来加速生成存储器的读写地址。

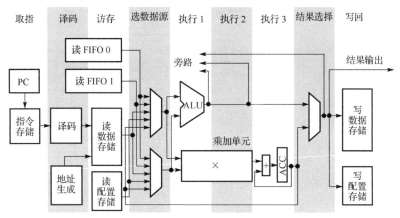

图 3.34　单核处理器框架图

2. 双时钟 FIFO

图 3.35 是双时钟域 FIFO 的结构示意图[32]。其读时钟(clk_rd)与写时钟(clk_wr)来自不同的时钟域，必须处理好两个时钟域之间数据交换的可靠性。FIFO 中占面积较大的是 SRAM，用于存储数据。虚线左端是写逻辑，右端是读逻辑，它们的功能包括：①提供读地址和写地址，每完成一次读写操作需要把地址加 1 或减 1；②控制 FIFO 满或者空，FIFO 满的时候则不能再进行写操作，而 FIFO 空时不能

再进行读操作。由于从监测到 FIFO 满再到真正停止数据源写 FIFO 需要一定的时间，在实际设计时需要有一定的余量(reserve space)，即 FIFO 还没真的满的时候发出停止信号。FIFO 停止读写时可把时钟发生器(OSC)停掉，以大幅降低处理器功耗。

　　FIFO 满或者空需要通过比较读地址和写地址来判定。因此，读地址需要越过时钟边界，传递到写控制逻辑；而写地址也需要越过控制边界，传递到读控制逻辑。为了避免地址跨时钟边界时多个比特产生亚稳态(metastability)而误判，在地址传递前先采用格雷编码进行转换，以保证连续的数据每次仅产生 1bit 的差异。然后再加入同步(synchronization)电路来降低亚稳态的产生概率。这些电路设计方案保证了双时钟FIFO 准确工作。

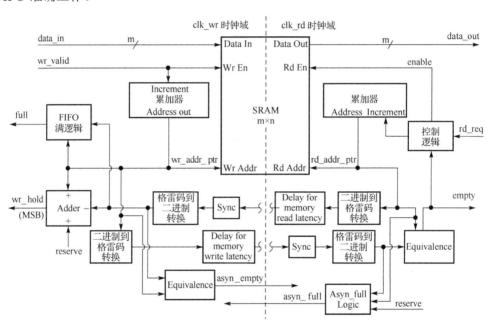

图 3.35　双时钟域 FIFO 结构示意图

3. GALS 多核处理器的物理实现

　　第一版 AsAP 处理器集成 36 个核，采用 TSMC 0.18μmCMOS 工艺制造，图 3.36是芯片照片。处理器在 1.8V 工作电压下的工作频率为 475MHz，单核的功耗为84mW，单核面积为 0.66mm^2。在物理实现中，首先实现单个处理器核，其中时钟发生电路采用全定制设计方案，存储由 memory compiler 生成，其他电路采用综合及自动布局布线的方式。单核处理器的物理实现完成以后，将多个处理器直接拼接就可形成一个多核处理器。由于采用了 GALS 时钟，省略了设计全局时钟树的工作，极大地简化了设计流程，也使得处理器核数量的扩展非常简单。

指令存储
数据存储
时钟发生器
(振荡器)
FIFO
单核

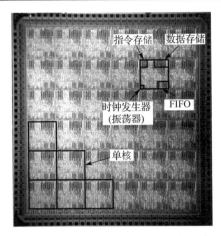

图 3.36　36 核 AsAP 处理器芯片照片

GALS 时钟也允许我们方便地测试各个处理器核的最高工作频率，如图 3.37 所示。右下角处理器可工作在 540MHz，上方的几个处理器工作频率小于 500MHz。这个工作频率的区别主要应该来自制造工艺的偏差，也有部分应该来自不同处理器核的供电网络的区别。

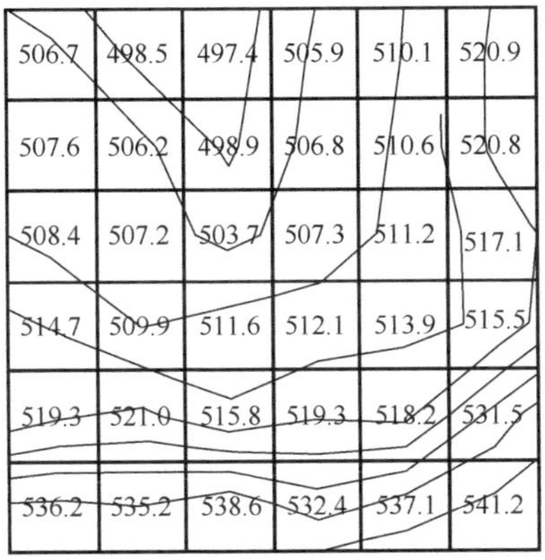

506.7 498.5 497.4 505.9 510.1 520.9
507.6 506.2 498.9 506.8 510.6 520.8
508.4 507.2 503.7 507.3 511.2 517.1
514.7 509.9 511.6 512.1 513.9 515.5
519.3 521.0 515.8 519.3 518.2 531.5
536.2 535.2 538.6 532.4 537.1 541.2

图 3.37　36 核 AsAP 内各处理器核的工作频率

4. 应用映射及实现

基于该 GALS 多核处理器可以实现多个 DSP 应用，如 Viterbi 译码器、JPEG 译码器、IEEE 802.11a/11g 无线网基带发送器等。在实现过程中，需要把应用划分成多个较小的功能模块，使每个功能模块可以在单核处理器中实现，然后通过互连网络把各处理器连接起来。图 3.38(a) 是利用一个自动映射工具生成的 IEEE 802.11a/11g 的模块连接示意图，图 3.38(b) 是根据图 3.38(a) 映射到多核处理器的实现方案[33]。

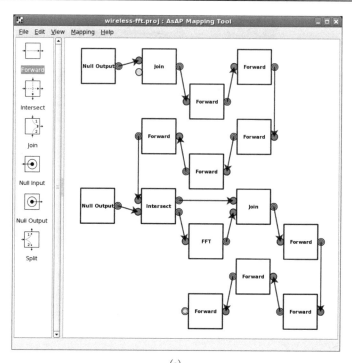

(a)

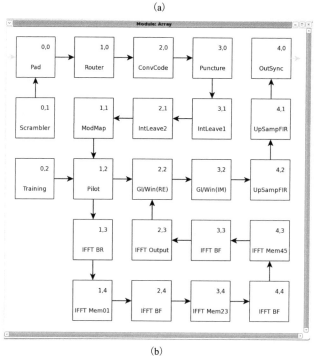

(b)

图 3.38　基于 GALS 多核处理器的应用自动映射

5．GALS 多核处理器性能及功耗效率的分析

GALS 多核处理器会对系统的性能及功耗效率产生影响[34]。图 3.39 是 GALS 时钟对系统性能影响的示意图。当两个模块受两个不同时钟(clk1、clk2)驱动时，两个模块间需要加入同步电路来保障电路的工作(如 3.5.3 节双时钟 FIFO 的设计)。因此，当两个模块进行数据交互时，就会产生额外的延迟，包括两个时钟本身的错位延迟(t_e)和同步电路的延迟(t_s)，这会导致系统性能下降。如果把 GALS 设计方案用到单核处理器中，不同的流水线模块采用不同的时钟，则在每个流水线寄存器之间需要有额外的同步电路，有研究表明 GALS 单核处理器跟同步单核处理器相比有约 10%的性能损失。表 3.4 是若干应用在 GALS 多核处理器及同步多核处理器上运行的性能比较，可以发现，GALS 多核处理器与同步多核处理器相比大概只有约 1% 的性能损失，基本可以忽略不计。GALS 多核处理器性能损失较小的原因在于其不同时钟域之间(也就是不同处理器之间)的数据传递相对较少，不像 GALS 单核处理器，所有的数据均需要在不同时钟域(即不同流水线阶段)之间流动。

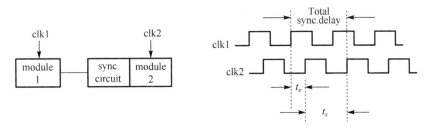

图 3.39 GALS 时钟对系统性能的影响

表 3.4 GALS 多核处理器和同步多核处理器的性能比较(表中数据单位是时钟数)

处理器类别及性能损失	8 点 DCT	8×8 DCT	Zig-zag	归并排序 (msort)	冒泡排序 (bsort)	矩阵乘法 (matrix)	64 点 FFT	JPEG 编码	IEEE 802.11a/11g 译码
同步多核处理器	41	498	168	254	444	817.5	11439	1439	697000
GALS 多核处理器	41	505	168	254	444	819	11710	1443	69971
GALS 性能损失/%	0	1.4	0	0	0	0.1	2.3	0.3	0.3

另外，GALS 时钟带来了更为灵活的电压和频率控制方案，工作负载重的处理器需要高的电压与频率，而工作负载轻的处理器可以用较低电压及时钟频率，从而大幅提升功耗效率。图 3.40 是 GALS 多核处理器相对同步多核处理器的功耗，可节省大约 40%的功耗且基本不影响性能。

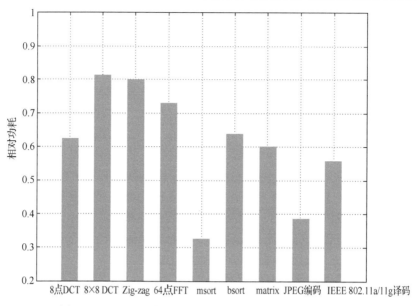

图 3.40　GALS 多核处理器与同步多核处理器的相对功耗

第二版 AsAP 处理器包含 164 个核及 3 个加速模块，并设计了灵活的电压频率控制方式[35]（3.6 节会作详细介绍）。而第三版 AsAP 处理器发表于 2017 年，集成了1000 个核，跨入千核时代[36]。

3.6　电压频率可调的低功耗多核处理器设计

正如本书已多次提到的，功耗已成为处理器设计最重要的指标之一。目前高性能处理器的功耗普遍超过 100W，这引起了一系列的问题，例如，极大地提高了芯片制冷和散热成本；需要数量超过 100 个芯片 I/O 来输送电源和地的信号，提高了芯片封装成本；复杂的芯片内部电源分布设计方案，提高了芯片设计难度及芯片面积；限制了芯片性能的进一步提高。而对于手机等移动设备，嵌入式处理器的功耗极大地决定了这些设备的待机时间。动态地调整时钟频率和电压是最常见的低功耗技术之一。

3.6.1　基于动态电压及阈值电压控制的低功耗处理器设计

从式(3.1)可以看到，动态功耗与电压的平方成正比，静态功耗与电压成正比。因此，降低电源电压是最有效的降低电路功耗的手段。然而，纯粹的降低电压会降低电路的工作频率从而降低性能。更有效的方案是动态地调整电压及时钟频率（dynamic voltage frequency scaling，DVFS）。

　　处理器及很多集成电路在运行时存在工作负荷非常不均匀的情形。图 3.41 是某个处理器在不同时间的工作负荷的例子[37]。高负荷状态需要有较高的计算速度及较低的计算延迟，此时需要处理器工作在正常满负荷的工作电压和工作频率。但是，高负荷状态通常只占极少时间，大部分时间处于低负荷及没有负荷的状态。因此，采用动态电压及频率调整技术，在工作负荷较小或者没有工作负荷时降低时钟频率及电压，可非常有效地降低功耗。

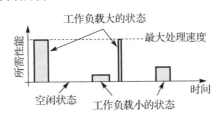

图 3.41　处理器运行时间工作负荷示意图[37]

1. 基于调节器的动态电压控制低功耗处理器设计

　　图 3.42 是一个 DVFS 处理器示意图，其他集成电路系统也可采用类似方案。与传统处理器相比，DVFS 系统需要判定处理器的工作负荷并需要增加一个电压调节器 (regulator) 模块。工作负载的判定可以通过在处理器的操作系统中增加相应的功能实现。当处理器的工作负载较小时，可把所需的时钟频率信息通知调节器，调节器输出合适的电压提供给处理器芯片。另外，芯片内部的 VCO 根据电压调整振荡频率作为处理器芯片的工作频率。

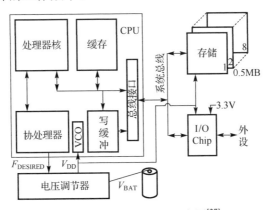

图 3.42　DVFS 处理器示意图[37]

2. 基于多阈值电压及动态阈值电压的低功耗处理器设计

　　阈值电压高的器件速度慢，但漏电功耗小；相对应，阈值电压低的器件速度快，但漏电功耗大。因此，一个低功耗技术是在同一个电路中同时集成阈值电压不同的器件，以达到高性能、低功耗的效果。如图 3.43(a) 所示，主体电路采用低阈值器件，但是在电源 V_{DD} 和地 V_{SS} 分别串联一个高阈值电压的 PMOS 和 NMOS 器件。在工作状态时，两个高阈值 PMOS 和 NMOS 器件导通，工作于低阈值电压的主体电路具有较快速度；而当没有工作任务时，两个高阈值 PMOS 和 NMOS 器件断开，并具有较低的漏电功耗。图 3.43(b) 和图 3.43(c) 具有类似效果，但与图 3.43(a) 相比节省了一个高阈值电压晶体管。

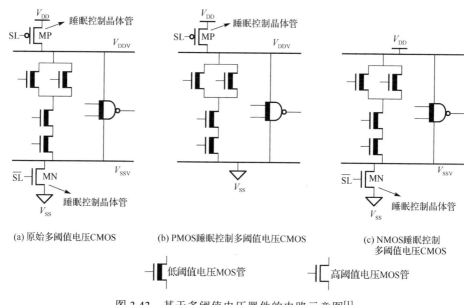

(a) 原始多阈值电压CMOS   (b) PMOS睡眠控制多阈值电压CMOS   (c) NMOS睡眠控制多阈值电压CMOS

图 3.43　基于多阈值电压器件的电路示意图[1]

多阈值电压器件可广泛应用在逻辑电路设计中。在同一个工艺库中包含高阈值电压器件和低阈值电压器件。在普通的非关键路径采用高阈值电压器件，在不影响电路速度的前提下降低了电路的漏电功耗，而关键路径中则采用低阈值电压器件以提高电路的速度。该方案并不需要图 3.43 所示的额外的漏电控制晶体管，但能同时达到较好的性能和较低的功耗。

除了采用集成多种阈值电压的不同器件的方案外，还可以动态地调整晶体管的阈值电压来获得灵活的电压控制手段。在电路工作状态时采用低阈值电压模式，而在不工作状态时采用高阈值电压模式。阈值电压的控制可以通过控制晶体管的体偏压(body biasing)来得到。

3.6.2　基于动态电压频率控制的低功耗多核处理器举例

除了利用调节器来调整电压的方案，也有研究同时输入两个电压源(一个高电压、一个低电压），然后处理器根据需求动态地选择电压源。图 3.44 是一个具有 DVFS 多核处理器[35,38]，包含 164 个简单而高效的处理器核、3 个硬件加速器（FFT、Motion Estimation、Viterbi 解码）及共享存储器，并具有高效的电路交换核间互连电路。

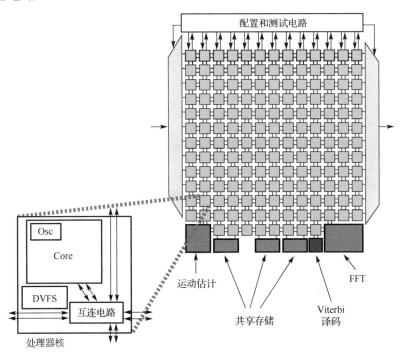

图 3.44　具有 DVFS 的 167 核处理器

　　该多核处理器的动态电压频率控制方案如图 3.45 所示。每个处理器核有一个独立的时钟源（Osc），处理器核的电压（VddCore）选自两个电压源（高电压 VddHigh 和低 电 压 VddLow）。DVFS 控 制 器 产 生 电 压 选 择 控 制 信 号（control_high 和 control_low），同一时刻只能有一个选择控制信号为 0，从而打开相对应的 PMOS，连通相关的高电压或低电压；DVFS 控制器还会产生频率控制信号 control_freq，用以调节时钟频率。当工作负载较低时，系统降低时钟频率并选择低电压；当工作负载较高时，选择高电压并提高时钟频率。处理器核中还需要电压转换电路（level shifter）以支持低电压处理器核与高电压处理器核之间的数据通信。此外，由于控制电压的 PMOS 具有较大的负载，实际实现时需要用多个较大的 PMOS 晶体管来达到快速的电压控制的目的。

　　该多核处理器芯片采用 ST 65nm 工艺制造，图 3.46 是其版图。单个处理器的面积仅占 0.17 mm^2，其中处理器核心占 73%，动态电压频率控制相关电路占 7%，核间通信电路占 7%。处理器核时钟频率为 1GHz，功耗约 50mW。

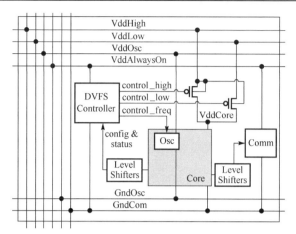

图 3.45 采用双输入电压源的 DVFS 方案

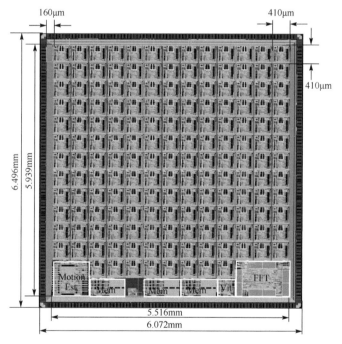

图 3.46 具有动态电压频率控制的 167 核处理器版图

3.7 本章小结

多核处理器的研究在 20 世纪七八十年代就已开始，但真正大规模的应用是在 2005 年以后。由于处理器功耗的问题限制了时钟频率的继续上升，多核处理器几乎成为了唯一的提高性能的手段。

多核处理器引入了核间通信的研究内容，最常见的核间通信方式是共享存储，其中包含了缓存一致性的问题以及可扩展性的难点。融合共享存储和消息传递两种核间通信方式有望同时获得高效性和可扩展性。与核间通信相关的还有片上网络的研究，包括拓扑结构、路由、交换方式等。包交换是最常见的网络交换方式，但是如何将包交换和电路交换融合起来，是一个值得研究的方向。

时钟设计是多核处理器(及其他大规模集成电路)设计的一个值得关注的方向，同步时钟的方案虽然在系统控制层面比较简单，但是功耗指标及灵活性方面并不优越。同频异相时钟、全局异步局部同步等方案能简化时钟的设计，并降低时钟网络的功耗，有望逐步得到大规模的应用。此外，动态地调整时钟和电压是降低多核处理器(及其他大规模集成电路)功耗的一个重要手段，已得到了大规模的应用。

参 考 文 献

[1] Roy K, Mukhopadhyay S, Mahmoodi-meimand H. Leakage current mechanisms and leakage reduction techniques in deep-submicrometer CMOS circuits. Proceedings of The IEEE, 2002, 91(2): 305-327.

[2] Jan M R, Anantha C, Borivoje N. Digital Integrated Circuits—A Design Perspective. New York: Pearson Education, 2003.

[3] Mai K. Transistor and Wire Modeling. Pittsburgh: ECE Department of Carnegie Mellon University, 2015.

[4] Whitby-Strevens C. Transputers—Past, present and future. IEEE Micro, 1990, 10(6): 16-19.

[5] Kung H T. Why systolic architectures? Computer Magazine, 1982, 15(1): 37-46.

[6] Snyder L. Introduction to the configurable, highly parallel computer. IEEE Computer, 1982, 15(1): 47-56.

[7] Jouppi N P, Young C, Patil N, et al. In-datacenter performance analysis of a tensor processing unit. Proceedings of ACM/IEEE Annual International Symposium on Computer Architecture (ISCA), Toronto, 2017: 1-12.

[8] Kung S Y, Arun K S, Gal-Ezer R J, et al. Wavefront array processor: Language, architecture, and applications. IEEE Transactions on Computers, 1982, 31(11): 1054-1066.

[9] Taylor M B, Kim J, Miller J, et al. The raw microprocessor: A computational fabric for software circuits and general-purpose programs. IEEE Micro, 2002, 22(2): 25-35.

[10] Rixner S, Dally W J, Kapasi U J, et al. A bandwidth-efficient architecture for media processing. Proceedings of IEEE International Symposium on Microarchitecture (MICRO), Dallas, 1998: 3-13.

[11] Mai K, Paaske T, Jayasena N, et al. Smart memories: A modular reconfigurable

architecture. Proceedings of International Symposium on Computer Architecture (ISCA), Vancouver, 2000: 161-171.

[12] Sankaralingam K, Nagarajan R, Liu H, et al. Exploiting ILP, TLP, and DLP with the polymorphosm in the TRIPS architecture. Proceedings of International Symposium on Computer Architecture (ISCA), San Diego, 2003: 422-433.

[13] Vangal S, Howard J, Ruhl G, et al. An 80-tile Sub-100-W TeraFLOPS processor in 65nm CMOS. IEEE Journal of Solid-State Circuits (JSSC), 2008, 43(1): 29-41.

[14] Howard J, Dighe S, Hoskote Y, et al. A 48-Core IA-32 message-passing processor with DVFS in 45nm CMOS. Proceedings of IEEE International Solid-State Circuits Conference (ISSCC), San Francisco, 2010: 108-109.

[15] Chen G, Anders M A, Kaul H, et al. A 340mV-to-0.9V 20.2Tb/s source-synchronous hybrid packet/circuit-switched 16×16 network-on-chip in 22nm tri-gate CMOS. Proceedings of IEEE International Solid-State Circuits Conference (ISSCC), San Francisco, 2014: 276-277.

[16] Tam S M, Muljono H, Huang M, et al. SkyLake-SP: A 14nm 28-core xeon processor. Proceesings of IEEE International Solid-State Circuits Conference (ISSCC), San Francisco, 2018: 34-36.

[17] Wulf W A, Bell C G. C.mmp-a multi-mini-processor. AFIPS Conference, 1972: 765-777.

[18] Hennessy J, Patterson D. Computer Architecture: A Quantitative Approach. 5th ed. San Francisco: Morgan Kaufmann, 2011.

[19] Agarwal A, Bianchini R, Chaiken D, et al. The MIT alewife machine. Proceedings of the IEEE, 1999, 87(3): 430-444.

[20] Yu Z Y, You K D, Xiao R J, et al. An 800MHz 320mW 16-core processor with message-passing and shared-memory inter-core communication mechanisms. Proceedings of IEEE International Solid-State Circuits Conference (ISSCC), San Francisco, 2012: 64-65.

[21] Yu Z Y, Xiao R J, You K D, et al. A 16-core processor with shared-memory and message-passing communications. IEEE Transactions on Circuits and Systems I, 2014, 61(4): 1081-1094.

[22] Dally W J, Towles B. Route packets, not wires: On-chip interconnection networks. Proceedings of IEEE Design Automation Conference(DAC), Las vegas, 2001: 684-689.

[23] Kumar S, Jantsch A, Soininen J P, et al. A network on chip architecture and design methodology. Proceedings of IEEE Computer Society annual Symposium on VLSI (ISVLSI), Pittsburgh, 2002: 105-112.

[24] Lawrie D H. Access and alignment of data in an array processor. IEEE Transaction of Computers, 1975, 24(12): 1145-1155.

[25] Stone H S. Parallel processing with the perfect shuffle. IEEE Transaction of Computers, 1971, C-20(2): 153-161.

[26] Yu Z Y, Baas B. A low-area multi-link interconnect architecture for GALS chip multiprocessor. IEEE Transactions on Very Large Scale Integration Systems, 2010, 18(5): 750-762.

[27] Ou P, Zhang J J, Quan H, et al. A 65nm 39GOPS/W 24-core processor with 11Tb/s/W packet controlled circuit-switched double-layer network-on-chip and heterogeneous execution array. Proceedings of IEEE International Solid-State Circuits Conference (ISSCC), San Francisco, 2013: 56-57.

[28] Chapiro D M. Globally-asynchronous Locally-Synchronous Systems. Stanford: Stanford University, 1984.

[29] Friedman EBY G. Clock distribution networks in synchronous digital integrated circuits. Proceedings of IEEE, 2001, 89(5): 665-692.

[30] Yu Z Y, Meeuwsen M, Apperson R, et al. An asynchronous array of simple processors for DSP applications. Proceedings of IEEE International Solid-State Circuits Conference (ISSCC), San Francisco, 2006: 428-429.

[31] Yu Y Z, Meeuwsen M, Apperson R, et al. AsAP: An asynchronous array of simple processors. IEEE Journal of Solid-State Circuits (JSSC), 2008, 43(3): 695-705.

[32] Apperson R, Yu Y Z, Meeuwsen M, et al. A scalable dual-clock FIFO for data transfers between arbitrary and haltable clock domains. IEEE Transactions on Very Large Scale Integration Systems, 2007, 15(10): 1125-1134.

[33] Baas B, Yu Z Y, Meeuwsen M, et al. AsAP: A fine-grained many-core platform for DSP applications. IEEE Micro, 2007, 27(2): 34-45.

[34] Yu Z Y, Baas B. High performance, energy efficiency, and scalability with GALS chip multiprocessors. IEEE Transactions on Very Large Scale Integration Systems, 2009, 17(1): 66-79.

[35] Truong D, Cheng W, Mohsenin T, et al. A 167-processor computational platform in 65nm CMOS. IEEE Journal of Solid-State Circuits (JSSC), 2009, 44(4): 1130-1144.

[36] Bohnenstiehl B, Stillmaker A, Pimentel J, et al. KiloCore: A 32nm 1000-processor computational array. IEEE Journal of Solid-State Circuits (JSSC), 2017: 52(4): 891-902.

[37] Burd T D, Pering T A, Stratakos A J, et al. A dynamic voltage scaled microprocessor system. IEEE Journal of Solid-State Circuits (JSSC), 2000, 35(11): 1571-1580.

[38] Truong D, Cheng W, Mohsenin T, et al. A 167-processor 65nm computational platform with per-processor dynamic supply voltage and dynamic clock frequency scaling. Proceedings of IEEE Symposium on VLSI Circuits, 2008: 22-23.

第 4 章 微处理器扩展——领域专用的"CPU+"系统

如 1.1 节所提及,传统的 CPU 正面临前所未有的挑战:摩尔定律受到技术及成本的双重压力,晶体管的性能及集成度已放缓了前进的步伐,集成电路制造技术进步所带来的"红利"正逐渐消失[1];功耗已成为处理器芯片的核心限制,并导致处理器的时钟频率和性能停滞不前;存储访问速度和处理器核速度的发展不平衡产生了存储墙,极大地限制了处理器的性能和功耗效率的提升;流水线、超标量等传统指令集并行技术自 2000 年初之后便没有大的进步。本书第 3 章阐述的采用多核处理器来增加并行计算能力是微处理器这十余年最主要的发展方向。但是,通用多核处理器的性能提升效率受到应用本身的可并行度的限制,并且纯粹的增加核的数量无法大幅提升系统功耗效率。另外,不断涌现的新应用如大数据、人工智能等对微处理器芯片提出了更高的性能、存储容量及存储访问速度的需求,这促使人们必须突破传统处理器的框架,大幅提升其性能和功耗效率。

软件驱动、指令集串行执行的方式给处理器带来了高灵活性、可编程性的优势,但也是处理器功耗效率低的本质原因。而 GPU、ASIC 等其他集成电路放弃了一定的可编程能力,但面向特定应用可并行执行成千上万的操作,大幅提升了性能和功耗效率。如图 4.1 所示[2],CPU 的功耗效率与 GPU、DSP、ASIC 等相比可相差数十倍甚至成百上千倍。由于上述原因,出现了很多领域专用(domain-specific)处理器的研究。而近期 IBM公司发表于《自然》(*SCIENCE*)杂志的 TrueNorth 芯片(图 4.2(a))[3]及 Google 的 TPU 芯片(图 4.2(b))[4]更是将以人工智能芯片为代表的领域专用芯片推向了热潮。David Patterson 及 John Hennessy 两位计算机体系结构领域的"图灵奖"得主更是在 ISSCC 2018及 ISCA 2018 的主题演讲中多次强调领域专用处理器将会是未来最主要的趋势[5,6]。

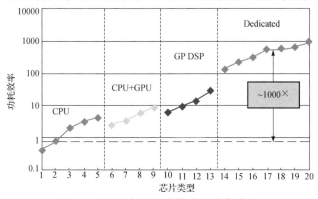

图 4.1 不同实现方式的功耗效率差异

从左往右看,实现方式灵活性(可编程性)下降,功耗效率大幅提升

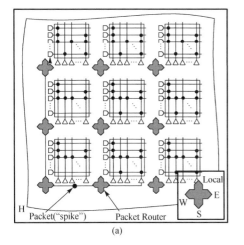
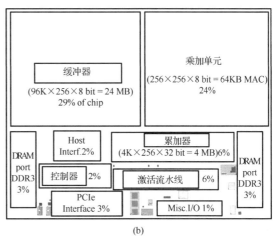

图 4.2　集成 4096 个类神经单元的 IBM 类脑芯片 TrueNorth[3]以及
集成 64000 个 MAC 的 Google 神经网络加速芯片 TPU[4]

因此，单纯的微处理器在性能、功耗效率上具有本质的、无法逾越的障碍，而单纯的面向特定领域的加速处理器在灵活性、可编程性方面具有较大限制。可以预见，未来芯片系统最主要的模式将是集成通用多核处理器及专用加速处理器，形成"CPU＋加速器"的系统，以同时获得通用处理器的可编程性和灵活性以及特定应用加速器的性能与功耗效率。这种处理器扩展的系统通常称为异构系统[7]或领域专用处理器，并已开始应用于超级计算机、服务器等多个领域。

本章旨在探讨微处理器的扩展方式及其软硬件相关技术。本章将首先阐述专用指令集处理器（application-specific instruction-set processor，ASIP）、CPU＋GPU、CPU＋FPGA、CPU＋ASIC 等多种扩展形式，然后阐述异构扩展系统的互连及编程等关键技术，最后举例讨论几个异构多核系统的设计。

4.1　微处理器的扩展方式

4.1.1　ASIP

以 Intel CPU 为代表的通用处理器是一个指令级不断扩展的过程。初期的 CPU 只具有整数加法、减法以及与或非等逻辑运算，后来添加了乘法运算单元及相关的指令。初期的 CPU 没有浮点运算，Intel 在推出 80386 处理器的同时推出了浮点运算协处理器，以一个片外的加速器作为 CPU 的补充，而奔腾处理器在 CPU 芯片中添加了浮点运算单元及相关的指令。TI 的 DSP 也可以看作面向数值计算进行了指令扩展的处理器。

　　ASIP，顾名思义，是一种面向某个或某类特定应用的专用处理器[8]。它本质上是处理器指令集的扩展，是一种典型的处理器扩展方式。与通用处理器(general purpose processor，GPP)类似，ASIP 功能单元的控制并不固定，而是由指令译码器和软件程序控制；与 ASIC 类似，ASIP 可利用特殊寄存器进行内部通信，也可利用定制的功能单元提供高性能的并行计算力。ASIP 有效地结合了软件可编程通用处理器的灵活性和面向特殊应用硬件加速模块的高效性。Cadence 的 Tensilica DSP 处理器是一个典型的 ASIP。

　　ASIP 的设计是一个软硬件协同设计的过程。图 4.3 显示了 ASIP 的设计流程。它包含两条设计链路：硬件设计链路和软件设计链路。它的具体设计步骤包括：①设计并分析目标应用算法，定位目标应用算法中的运算热区和数据访问存储热区，明确需要加速的瓶颈；②将运算耗时的软件代码从基准处理器端转移到特殊功能单元模块，同时，在基准处理器的基础上，增加流水线、特殊寄存器、本地寄存器、特殊运算单元以及相应的加速指令，形成新的 ASIP 硬件模型；③设计软件开发工具，主要包括指令集仿真器、软件编译器、汇编器和链接器；④基于步骤②中的 ASIP 硬件模型和步骤③中的软件开发工具，仿真目标应用，评估 ASIP 的加速性能；⑤根据评估结果，反复迭代优化 ASIP，以满足预设目标要求；⑥基于 FPGA 或 ASIC 实现 ASIP，进一步评估 ASIP 的速度、面积和功耗。

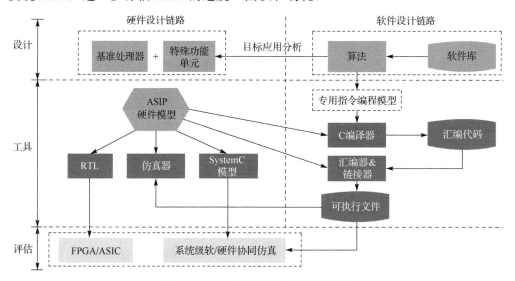

图 4.3　ASIP 的软硬件协同设计流程

4.1.2　Big.Little 架构

　　不同的处理器核之间如 Intel 高性能 CPU 和嵌入式微处理器之间存在巨大的差

异，即使同一指令集的不同处理器核在面积、性能、功耗等方面的差异也可达几十倍。另外，不同的应用具有不同的特征，其适合的处理器核是不同的。例如，有的应用存在大量的可并行执行的指令，这种应用比较适合在具有宽发射超标量指令集的并行处理器中执行；但有的应用并不具备许多可并行执行的指令，一味采用宽发射标量处理器无法有效地提高性能反而会产生大量额外的功耗。于是 Big.Little 架构在处理器芯片中集成若干指令集相同的但微架构实现方案及性能和功耗不同的大核和小核，系统软件在程序运行的过程中根据应用的特征动态地选择合适的核，在基本不降低性能的前提下可有效降低功耗。Big.Little 架构是当前广泛应用的、行之有效的一种异构架构。

1. 系统实现

Kumar 等研究人员采用 4 个 Alpha EV 系列的处理器构成了一个异构系统[9]。图 4.4 显示了该系列处理器核的面积差异及关键指标方面的差异。研究表明，该架构可比单纯采用大核减少功耗约 39%，而性能只降低 3%；或者功耗减少 73%，性能降低 22%[9]。

处理器核	面积/mm²	功耗/W	处理器特征
EV4	2.87	3.73	顺序、双发射、16KB缓存
EV5	5.06	6.88	顺序、四发射、16KB缓存
EV6	24.5	10.68	乱序、六发射、128KB缓存
EV8-	236	46.44	乱序、八发射、128KB缓存

(a) 面积差异　　　　　　　　　　　　　　(b) 关键指标

图 4.4　Alpha EV 系列处理器核的面积差异示意图及关键指标

在企业界，ARM 公司率先推出了集成 Cortex-A15（大核）和 Cortex-A7（小核）的 Big.Little 架构多核处理器。两者不同的面积、性能和功耗来源于其不同的微架构。Cortex-A7 采用顺序执行、双发射的结构，具有 8～10 级流水线。Cortex-A15 采用乱序执行、三发射的结构，具有 15～24 级流水线。因此，Cortex-A15 具有较高的性能，但 Cortex-A7 具有较好的功耗效率，表 4.1 是两者在不同应用中体现的性能和功耗效率比。但是，Cortex-A15 和 Cortex-A7 具有基本一致的指令架构，均支持 ARM v7A 指令。因此，同一个程序在两个处理器中的执行速度不一致但执行过程完全一致。

表 4.1　Cortex-A15 和 Cortex-A7 在若干应用中的性能和功耗效率比[10]

应用	性能比	功耗效率比
Dhrystone	1.9	3.5
FDCT	2.3	3.8
IMDCT	3.0	3.0
MemCopy L1	1.9	2.3
MemCopy L2	1.9	3.4

图 4.5 是集成了 2 个 Cortex-A15（大核）和 2 个 Cortex-A7（小核）的 ARM Big.Little 结构[10]。不同处理器核间具有共享的存储器。CCI-400（cache coherent interconnect）互联可实现各个处理器核之间以及与 GPU 等其他核的高效的、缓存一致性的互联。缓存一致性使所有的处理器都运行相同的数据，避免了不必要的缓存维护或内存备份，提高了系统的效率，并缩短了新应用的开发成本和时间。2015 年 ARM 推出了 CCI-550。此外，通用中断控制器（generic interrupt controller，GIC）-400 可实现处理器核的中断。基于上述设计方案，应用可迅速地在大核和小核间进行任务切换。

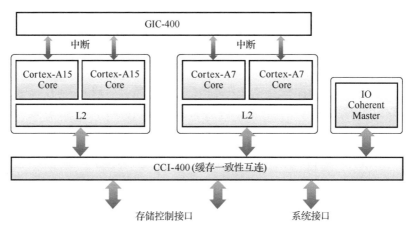

图 4.5　集成了 Cortex-A15 和 Cortex-A7 的 ARM Big.Little 结构[10]

目前，众多的手机芯片采用了这种架构。海思麒麟 960 芯片集成了 2.4GHz 的四核 ARM Cortex-A73 及 1.8GHz 的四核 ARM Cortex-A53，应用在了华为 Mate 9 等手机中。三星 Exynos 9 Octa 8895 芯片集成了 2.3GHz 四核 M1 及 1.7 GHz 四核 Cortex-A53，应用在了 Galaxy S8 等手机中。

2. 任务切换

Big.Little 架构中的应用在同一时刻通常只运行在大核或小核上（而不是同时运行大核和小核），这种方案可以较为简单有效地根据应用的性能需求来判定所需的核。例如，在 ARM Cortex-A15/Cortex-A7 系统中，当应用所需的运算量处于较小或中等时，运行 Cortex-A7 可在满足性能的前提下提供较好的功耗效率。而当应用的运算量较大时，系统会把任务切换到 Cortex-A15 中以提供足够的性能。此外，与任务切换有关的状态相对较少（主要是寄存器堆），切换速度相对较为迅速。ARM Cortex-A15/Cortex-A7 系统的任务切换为 20000 个时钟周期左右，在 1GHz 频率下时间为 20μs。

另外，Big.Little 架构中的应用有时也允许在同一时刻同时运行在大核或小核上。

这样,运行中的多个线程可根据需要选择合适的运行核,例如,运算量密集型的线程适合在 Cortex-A15 中运行,而 I/O 密集型(运算量较小)的线程适合在 Cortex-A7 中运行。

4.1.3　CPU+GPU

GPU 通常是计算机系统中 CPU 的一个重要加速器芯片,具有优越的并行执行能力和图像处理能力。很多系统产品集成了数量众多的 CPU 芯片和 GPU 芯片。如天河一号超级计算机配备了 14336 颗 Intel Xeon CPU、7168 颗 NVIDIA GPU 以及 2048 颗飞腾处理器。天河二号超级计算机包含 16000 个运算节点,每节点配备两颗 Intel Xeon CPU、三颗 Xeon Phi 协处理器。除了与 CPU 相互独立地发展,还出现了"CPU+GPU"融合为一个芯片的方案,以同时获得 CPU 和 GPU 的优势。

"CPU+GPU"芯片集成多个 CPU 和 GPU,利用 CPU 运行操作系统和执行串行任务,用 GPU 处理 3D 图形渲染、数学密集型计算,两者结合,提升系统的性能和功耗效率[11]。图 4.6 所示是"CPU+GPU"芯片的两种架构图。图 4.6(a)把 CPU 和 GPU 简单地集成在一个芯片中,CPU 和 GPU 具有独立的私有存储和地址空间,两者进行数据交互时需要通过操作系统进行任务分配、数据交换等大量的工作,数据传输效率较低。图 4.6(b)不仅把 CPU 和 GPU 集成在一个芯片中,还具有统一的共享存储,以大幅提升 CPU 和 GPU 之间的数据交互能力。

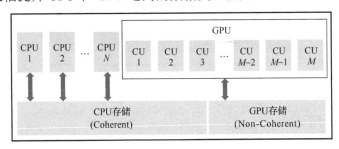

(a) "CPU+GPU"简单集成于同一芯片

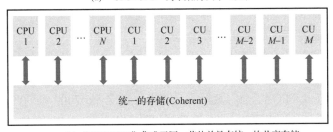

(b) "CPU+GPU"集成于同一芯片并具有统一的共享存储

图 4.6　"CPU+GPU"芯片的两种架构图

GPU 在人工智能领域有广泛的应用,NVIDIA 等公司也借此获得了飞速发展。

目前绝大部分的人工智能计算平台都采用 GPU 服务器，同时内嵌了 CPU 处理器用于系统控制操作。图 4.7 是 NVIDIA Tegra Parker 人工智能处理器示意图，集成了 Pascal GEFORCE GPU、ARM CPU 及众多的安全、视频、音频、图像、显示等加速引擎。GPU 性能达 1.5 TFLOPS，功耗约 10W。

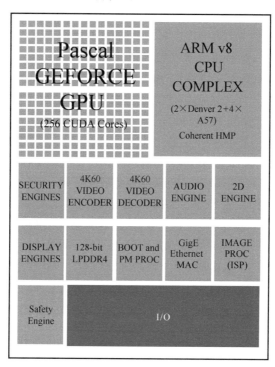

图 4.7　NVIDIA Tegra Parker 人工智能处理器示意图

4.1.4　CPU+FPGA

"CPU+FPGA" 系统集成软件可编程的 CPU 和硬件可编程的 FPGA，以兼具计算、并行化、可重构等优点。在这个系统中，CPU 比较适合并行度不高的应用，而 FPGA 可用于加速并行度较高的应用。

许多 Altera 和 Xilinx 的产品已采用了该方案。Altera 的 Arria V 集成了 ARM CPU 及 FPGA。Xilinx 的 Spartan6 集成了 MicroBlaze 嵌入式 CPU 及 FPGA，Zynq 集成了 ARM Cortex CPU 及 FPGA。图 4.8 所示是 Xilinx 的 Zynq-7000 系列产品，集成了两个 NEON 处理器、两个 ARM Cortex-A9 处理器以及 Xilinx 的 Artix 或 Kintex FPGA，ARM 处理器和 FPGA 之间通过 AMBA 总线和 AXI 接口互连，可适应智能驾驶、高性能音视频编解码等多种应用[12]。Xilinx 称这种系统为全可编程片上系统(all programmable SoC)。Intel 收购 Altera 之后，"CPU+FPGA" 的模式将有更大的发展。

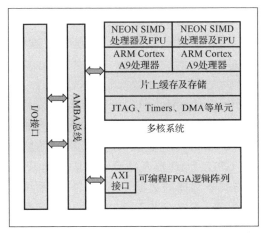

图 4.8　Xilinx 的 Zynq-7000，具有"CPU+FPGA"的形式

4.1.5　CPU＋ASIC

人工智能(artificial intelligence，AI)等应用对性能、功耗效率提出了更高的要求，促进了 ASIC 实现方案的发展，形成了"CPU+ASIC"方案。图 4.9 显示了 Synopsys 公司 EV5x 系列异构多核计算机视觉处理器。它包括四个通用的 RISC 处理器，一个支持卷积神经网络(convolutional neural network，CNN)的目标检测 ASIC 加速器，处理器间以 AXI 总线方式进行数据交互和通信。这种架构较好地平衡了性能、灵活性和功耗之间的关系。

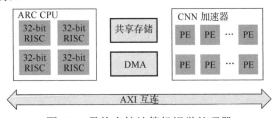

图 4.9　异构多核计算机视觉处理器

4.2　异构系统的互连

在工艺尺度缩小、核的数量增加、芯片面积增大的情况下，连线延迟/功耗相对于晶体管延迟/功耗不断增加，核间互连的挑战不断提高。而异构系统中各节点的不同特征以及存储空间不完全共享等因素导致核间通信的需求进一步增加。传统共享总线的带宽是一定的，核数不断增加的异构系统中总线的竞争和冲突将增加，限制系统的整体性能。因此，异构系统迫切需要研究新的互连方案。3.4 节所阐述的片上网络具有较好的并行性、扩展性和通信效率，也是异构系统互连的主要方向。此外，除了单芯片集成

方案，异构系统也经常以多芯片的形式出现，例如，CPU、GPU、FPGA 可作为独立芯片联合起来构成一个异构系统。因此，异构系统中的片间互连也非常重要。

4.2.1 CCIX 互连标准

CCIX（cache coherent interconnect for accelerators）是由 AMD、ARM、迈络思（Mellanox）、华为、IBM、高通和 Xilinx 七家企业发起的面向异构系统的片间互连标准[13]，并迅速扩展到了 Synopsys 等企业，其主要面向的应用场景是数据中心服务器。在一个具有处理器、GPU、加速器及共享存储的异构系统中（图 4.6），各运算部件通常具有缓存以降低与共享存储的数据交互量，提高系统整体性能。因此，缓存一致性问题（具体见 3.3.2 节）不仅存在于 CPU 中，还存在于其他部件中。类似于 MESI（modified，exclusive，shared，invalid）缓存一致性协议，CCIX 协议定义了缓存的状态，包括 Invalid（I）、Unique Clean（UC）、Unique Clean Empty（UCE）、Unique Dirty（UD）、Unique Dirty Partial（UDP）、Shared Clean（SC）、Shared Dirty（SD）七个状态。CCIX 还定义了实现缓存状态一致性所需的相关传递信息和机制，从而将缓存一致性扩展到 GPU、加速器等部件，实现异构系统的高效互连。图 4.10 所示是 CCIX 支持的多种互连模式，显示了可将 CCIX 用于处理器-加速器、处理器-存储、处理器-多个加速器以及加速器-加速器等各种互连方案。

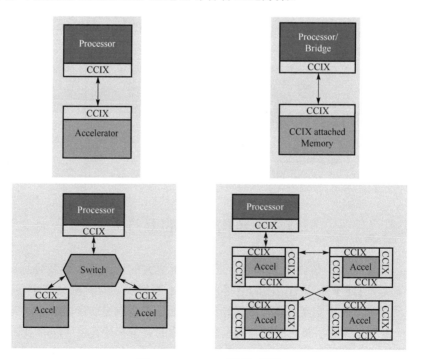

图 4.10 CCIX 互连模式[13]

Synopsys 公司已发布了一个支持 CCIX 的互连方案。每个 I/O 通道的带宽高达 25Gbit/s。在这个方案中,CCIX 传输层基于 PCIE 总线的传输层实现,在 PCIE 传输层的基础上增加 CCIX 针对缓存一致性的传输层,从而可以利用目前已有的 PCIE 系统。

4.2.2 OpenCAPI 互连

IBM、AMD、Google、NVIDIA、Xilinx 等公司联合推出了 OpenCAPI(open coherent accelerator processor interface)总线技术,以支持 CPU 与外部加速器、网络、存储等设备的高速互连。图 4.11 是 OpenCAPI 互连示意图[14],其目标是最大限度地降低高性能加速器设计的复杂性,实现 25Gbit/s 的数据速率。该总线技术最主要的应用场景是数据中心服务器。OpenCAPI 与 CCIX 两个互连标准的目标及成员企业有一定的重叠,但具体侧重点有所不同。CCIX 侧重于实现高效的片间互连的缓存一致性,而 OpenCAPI 侧重于实现高效的片间互连错误检测及数据传输。

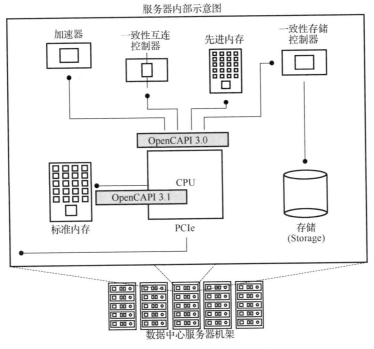

图 4.11 OpenCAPI 互连示意图

OpenCAPI 划分为三层,分别为物理层(physical layer)、数据链路层(data layer)和事务层(transaction layer)。OpenCAPI 标准只定义了事务层与数据链路层,不同的处理器厂商可根据自身处理器的特点定义自己的物理层。

OpenCAPI 数据链路层的主要作用是匹配主处理器和从设备的速度，它通过初始化发送固定数据来确定链路发送的速度。此外，数据链路层还进行片外传输及远距离传输的循环冗余校验(cyclic redundancy check，CRC)，检验传输的数据有没有失真，如果失真则会报错。

OpenCAPI 事务层的功能主要是传输主机与从设备之间通信的控制包与响应包，在主机上实现的事务层称为 TL，在从设备上实现的事务层称为 TLX。TL 的主要功能包括：①打包形成主机命令包与响应包；②解包外设传输到主机的命令包与响应包。TLX 的主要功能包括：①打包形成外设的命令包与响应包；②解包主机传输到外设的命令包与响应包。

OpenCAPI 还定义了虚拟通道(virtual channel，VC)和数据虚拟通道两种类型的虚拟通道。数据虚拟通道针对传输即时性要求高的数据而设计，位宽长度可配置。同时引入了更新和查询虚拟通道状态信息机制。另外，OpenCAPI 还针对片上网络中一个路由地址对应的可能是多个处理器组成的簇的情况，增加了簇内服务队列的功能。服务队列中有总线地址及功能表，可由 OpenCAPI 对应命令更新和配置，当传输数据到达服务队列时，会根据总线地址表分配到传输的目的服务队列，同时有检查地址错误回应的作用。

对于一致性协议的支持，OpenCAPI 增加了内存读取通道、数据等待时间和响应回复时间、数据正确性等检验，确保一致性协议传输各个环节的正确性。

4.2.3　NVLink

NVLink 是一个能在 GPU 与 GPU、GPU 与 CPU 之间实现高速大带宽的互连接口[15]。NVLink 是一个双向接口，共 32 根连线，在每个方向上包含 8 个差分对。高速连线的速度为 20 Gbit/s，因此 NVLink 的峰值带宽为 40 Gbit/s。NVLink 基于点对点传输形式，通过 NVLink 可直接读写本地显存(local graphics memory)、对等显存(peer graphics memory)以及 CPU 内存，所有这些存储都共享地址空间。

图 4.12 是 NVLink 写事务数据包的格式。NVLink 的一个数据包可包含 1 个 128bit 数据片(flit)至最多 18 个 128bit 数据片。NVLink 事务至少包括一个请求和一个响应，另外有地址扩展数据片(address extension flit)、字节使能数据片(byte enable flit)以及 0~16 个有效数据片。包头(即第一个数据片)包含 25 位 CRC，83 位传输层信息(含请求类型、地址、流量控制、标签标识符等)，以及 20 位数据链路层信息(含请求返回标识符、包长度信息、应用编号标签等)。由于数据链路头包含分组长度信息并且协议中不包含成帧符号，所以在解析分组的其余部分之前，必须检查包头的 CRC。CRC 不需要为包头和数据有效负载分配 CRC 字段，而是通过包头和前一个有效负载计算 CRC。图 4.13 是 NVLink 的一个例子，Requester 端发送一个 64B 的读请求头 flit，Target 接收后，会返回响应头 flit 和四个数据。

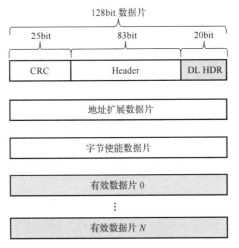

图 4.12 NVLink 写事务数据包格式[15]

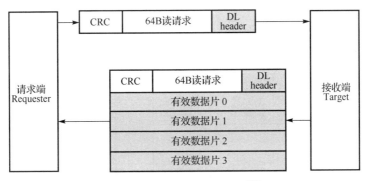

图 4.13 NVLink 传输例子[15]

4.3 异构系统的编程

异构系统中各组成部分(如 CPU、GPU、FPGA)经常具有不同的编程语言及编程模式,给系统的高效集成带来了极大的挑战。因此,异构系统最关键的研究内容之一是要简化编程方式,用统一的编程实现异构系统的无缝整合。目前的异构编程方式有 CUDA、OpenCL[16]、OpenACC、HSAIL、HLS 等。

4.3.1 CUDA 架构及编程

CUDA(compute unified device architecture)是 NVIDIA 公司开发的面向 GPU 的异构软硬件协同系统模型。CUDA 支持 C、C++、FORTRAN 等编程语言。CUDA的优点是函数接口多,有统一的开发套件,缺点是受到 NVIDIA 平台限制。如图 4.14

所示[17]，CUDA 程序将数量众多的线程(thread)组成若干线程格(grid)，每个线程格由许多线程块(block)构成，而每个线程块又包含若干线程。线程块中的线程通过高速的块内共享存储(per-block shared memory)进行通信，同一个线程格但不同线程块的线程可通过全局共享存储(global memory space)进行通信。线程块之间构成粗粒度的并行执行，而线程块内的线程之间构成细粒度的并行执行。当执行一个计算如 $y[i] = a \cdot x[i] + y[i]$ 时，可定义 $i = blockIdx.x \cdot blockDim.x + threadIdx.x$ 来并行化执行，其中 blockIdx.x 决定用哪个线程块，blockDim.x 是块内的线程数，threadIdx.x 决定用线程块中的哪个线程。

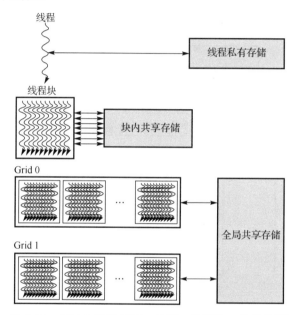

图 4.14　CUDA 编程模型：线程、线程块、线程格[17]

4.3.2　OPENCL 编程

OPENCL(open computing language)是市场上第一个面向异构计算的、开源的编程框架，支持 CPU、FPU、FPGA 等硬件平台及 Windows、Linux 等操作系统，接口丰富。OPENCL 最初由苹果公司开发，目前由 Khronos Group 管理，已经升级到 OPENCL 2.2 版本。OPENCL 已经广泛应用到各种算法加速、云计算等应用场景。OPENCL 架构分为平台模型、执行模型、内存模型和编程模型四部分。

平台模型中，OPENCL 分为主机和设备，主机一般是 CPU，设备是各种加速器，如 GPU、FPGA 等。

OPENCL 的执行模型中，有引索空间(NDRange)、工作组(Work-group)、工作项(Work-item)等概念。内核是执行模型的核心，运行之前必须指定一个引索空间，用于明确全局工作点的数目，可以是一维、二维或三维。每个引索空间包含多个工作组，每个工作组中包含多个工作项，每个工作项都有一个独立的本地 ID。

OPENCL 的内存模型分为私有存储、局部存储、全局存储、常量存储，如图 4.15 所示。私有存储为每一个执行单元拥有且不共享；局部存储是指若干执行单元组成的设备(工作组)所拥有并且为每一个执行单元共享；全局存储为所有设备(包括主设备)共享；常量存储和全局存储并列，所有设备均可访问，初始化后在执行过程中不变。

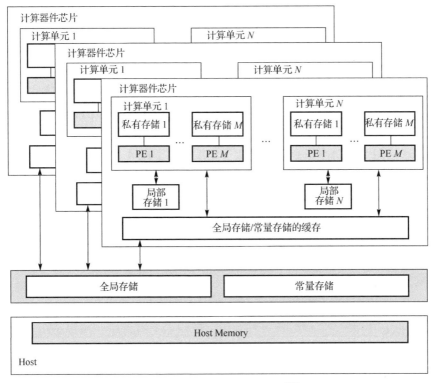

图 4.15　OPENCL 内存模型[18]

OPENCL 的编程模型分别对应上面的内存模型和执行模型。在查询好平台设备信息之后，编程者首先创造一个命令队列，即主设备和加速设备之间的通信结构；其次创造共享缓存,将共享缓存中的内容加载进加速设备中的私有内存或本地内存；然后开始加载 CL 文件中的加速设备运行程序，确定好执行模型，在加速设备中编译运行程序；最后设置加速设备中程序运行的参数，参数对应的内容必须在设备的内存中，执行内核，运行加速设备程序，取回数据。

4.3.3　OpenACC 编程

OpenACC(open accelerator)是另一种支持"CPU+GPU"的并行编程标准。OpenACC

只需要在原程序需要并行化的部分加入一些指引性指令，基本不需要改变原程序，以尽可能地简化编程方式，并且可让同一个应用程序既可在 CPU 平台上运行，也可以在"CPU+GPU"平台上运行。目前 OpenACC 支持 C、C++、FORTRAN 等编程语言。

有研究指出 OpenACC 的性能比 CUDA 和 OpenCL 更为优越[19]，但 OpenACC 目前的推广度和接受程度并不是非常高。

4.3.4　HSA 编程中间语言标准

AMD、ARM、Qualcomm 等公司建立了异构系统架构(heterogeneous system architecture，HSA)联盟，设立相关技术标准，使 CPU 和 GPU 能高效地协同处理，并试图扩展到其他核，如 DSP、ASIC 加速器[20]。除了在硬件架构上推广图 4.6(b)所示的集成方式之外，HSA 的一个主要工作是定义了一种异构系统架构中间语言(heterogeneous system architecture intermediate language，HSAIL)，该语言符合 HSA 的执行模型、内存模型、段模型等，具有算术运算指令、图像处理指令、预测指令、同步异步通信指令、功能指令等，类似于汇编语言。图 4.16 所示是一个面向异构系统的基于 HSAIL 语言的软件编程环境。HSA 可支持多种编程方式，如 OpenCL、Java、OpenMP 以及一些领域特殊的编程语言(domain-specific language)。这些编程语言需要在程序中指明可并行化的区域，如 OpenCL 中调用 clEnqueueNDRangeKernel 来加速，OpenMP 中定义循环(loop)为可并行区域。HSA 编译器或 GCC 编译器(GCC 于 2017 年 2 月开始支持 HSAIL)把可并行化区域代码转化为 HSAIL 代码，最后生成各目标系统的可执行代码。

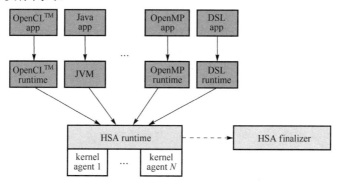

图 4.16　HSA 异构系统软件编程环境[20]

目前支持 HSA 标准允许 GPU 和 CPU 具有共享内存的产品包括 AMD 的 Kaveri 系列 APU 和索尼的 PlayStation 4，但是市场的反应较为平淡。

4.3.5　高级综合语言

"CPU+FPGA"也存在编程方式不统一的问题。CPU 的编程通过 C、Java 等高级编程语言实现,而 FPGA 采用硬件描述语言(hardware description language,HDL),如 Verilog、VHDL 进行设计。Verilog 等硬件描述语言与 C 等软件编程语言在语言风格上有类似之处,但是它们有着本质的区别:HDL 是用于电路设计的,需要通过综合工具转化成硬件电路网表,并且这些电路是并行化运行的;而软件编程语言是用于描述处理器指令构成的程序,需要通过编译器(compiler)转换成面向某个特定处理器的二进制可执行指令文件,软件程序从功能上看是串行执行的。有研究试图用一种统一的编程方式对 CPU 和 FPGA 进行编程。Xilinx 联合 AutoESL Design Technologies 公司推出了高级综合(high level synthesis,HLS)的方式,可把 C 语言转换成 HDL[21]。

图 4.17 是一个利用 HLS 编程方式实现 FPGA 的简单例子。系统的功能是实现 Lenet 5 神经网络,采用了内嵌 ARM 处理器的 Xilinx Zynq ZC706 FPGA 开发板。由于该神经网络 90%的计算量在卷积运算层,因此用 HLS 语言设计一个的加速器以提高性能,其中利用了流水线(pipeline)、循环展开(unroll)等技术[22]。表 4.2 比较了利用 FPGA 内嵌的 ARM 和利用 HLS 设计 FPGA 加速器来实现神经网络的性能和功耗。FPGA 加速比 ARM 处理器的性能提升了 8.96 倍,功耗基本一致,能耗减少为 1/8.66。可以看到,利用 HLS 来实现 FPGA 的设计已基本达到实用阶段。

```
for(int to=0; to<out num; to++){
    for(int ti=0; ti<in num; ti++)
        {for(int row=0; row<out_DIM; row++)
            {for(int col=0; col<out_DIM; col++){
#pragma HLS PIPELINE
#pragma HLS UNROLL
            for(int i=0; i<k_DIM; i++){
#pragma HLS PIPELINE
#pragma HLS UNROLL
            for(int j=0; j<k_DIM; j++){
#pragma HLS PIPELINE
#pragma HLS UNROLL
            output[to][row][col] += weights[j+i* k_DIM* k_DIM+to* k_DIM*
                                    k_DIM* in_num] * input[ti]
                                    [stride* row+i][stride* col+j];}
            }
        }
    }
  }
}
```

图 4.17 利用 HLS 编程加速神经网络的卷积运算层

表 4.2　比较利用 FPGA 内嵌 ARM 和利用 HLS 设计 FPGA 加速的方案

实现方式	性能/s	功耗/W	能耗/kJ
ARM Cortex-A9 @ 666MHz	789.11	9.21	7.363
HLS FPGA 加速@75MHz	88.11	9.65	0.85

4.4　领域专用异构多核系统举例

本节举例阐述几个"多核处理器+可重构运算加速器"的领域专用异构系统。

4.4.1　面向通信和多媒体的 24 核处理器

该处理器芯片分成多个簇(cluster)。每个簇中包含若干处理器及可重构运算加速器阵列，如图 4.18 所示[23]，其中 EU 是加速器单元，Core 是处理器核。每个处理核都有一个路由器单元，连接成二维网格(2D mesh)拓扑结构。

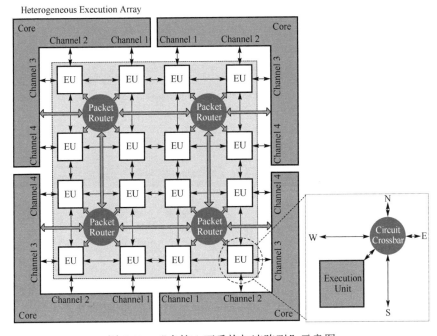

图 4.18　"多核＋可重构加速阵列"示意图

1. 加速器设计方案

"处理器＋加速器"方案的设计需要面向应用，分析相关标准和程序中的算法和具体实现。加速器通常需要引入可重构技术[24]，需要注意高效性、粒度、灵活性等多个问题。

（1）加速器高效性：加速器必须针对应用中的常用和瓶颈模块，从而大幅提升系统性能与功耗效率。如图 4.19 所示，在 H.264 解码中，残差解码（residual decoding）占了熵解码（entropy decode）90% 以上的运算量。针对这类运算进行加速可以大幅提升整个应用的性能。

（2）加速器粒度：粒度最直观的表示是加速器的大小。一般而言，越大的粒度可以带来越高的能效提升，这本质上是将更多的软件功能交给加速器去完成，但这种做法牺牲了一定的通用性。相反，越小粒度的加速器通用性可能越高，但是，如果不能很好地掩盖加速器与处理器之间的通信开销，小粒度加速器的性能提升很可能不够理想。因此，需要精心规划软硬件之间的任务划分，设计适当粒度的加速器，既能保证较好的性能提升，又使得硬件开销小，处理器的通用性不受到太多的损失。

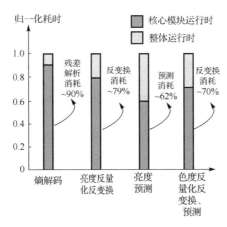

图 4.19　以 H.264 解码的关键运算的占比

（3）加速器灵活性：加速器通常是由应用背景限定的。如果应用领域变化多，则所需加速器就应该更灵活，如果应用领域变化少，则所需加速器功能可以相对固定。例如，视频领域从 MPEG-2 到 H.263、H.264 以及 HEVC 的演化中，某些核心算法（如离散余弦/正弦变换）往往得到保留，这种应用背景允许我们使用一些功能相对固定的加速器单元，例如，反离散余弦变换（inverse discrete cosine transform，IDCT）模块可以在 H.264、MPEG-2、HEVC 等标准中使用，而 16 点、8 点 FFT 适用于各种标准的通信协议中。这种应用层面的加速器共享性保证了处理器一定的通用性和灵活性。

2. 异构运算阵列单元设计

表 4.3 列举了 24 核处理器内面向多媒体（H.264 译码）和长期演进（long term evolution，LTE）通信标准的加速单元，许多单元具有配置字以实现可重构的功能。

表 4.3　加速单元的功能及说明

加速单元	功能	说明
IDCT 或离散阿达马反变换（inverse discrete Hadamard transform, IDHT）	H.264 编码器采用了 4×4 DCT 和 DHT 进行变换编码及量化。H.264 解码器需 IDCT 和 IDHT 进行反变换、反量化	DCT 具有很强的能量集中特性，常被用于信号和图像的有损压缩。DHT 能针对频谱进行快速的分析
Zig-zag	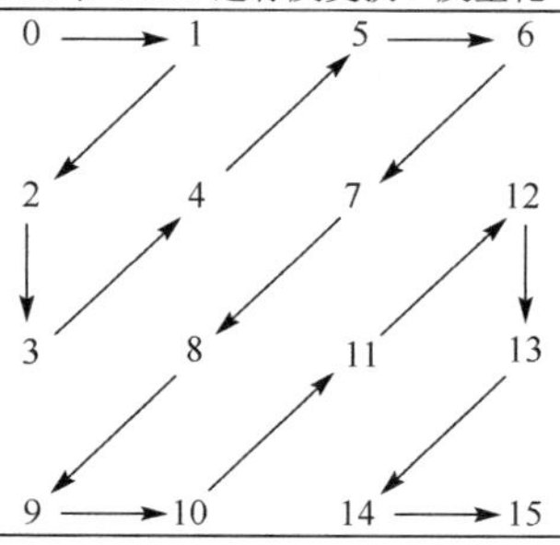 (见图示：0 1 5 6 / 2 4 7 12 / 3 8 11 13 / 9 10 14 15，按之字形扫描)	使量化后系数的幅值呈现出较好的递减特性，大部分零分布在一起，适合压缩
LimitF（配置字：LOWER/UPPER）	对两个数值进行限幅操作。配置字 LOWER 为最小值限幅，UPPER 为最大值限幅	H.264 编解码器在量化、帧内预测及滤波等过程中都需要进行限幅操作
PN-Sequence	每 31 个周期产生一个 31bit 随机数序列	所产生的随机数序列在 LTE 系统中的同步、信道估计等模块中均会用到
MDU（配置字：MODE）	SIMD 乘除法操作，MODE 可用于乘除法模式的选择	将 MDU 单元集成在异构运算阵列中，与处理器主流水线协同工作
ALU（配置字：MODE）	SIMD 算术逻辑操作，输入为两个 32 位数据，MODE 用于选择算术逻辑模式	SIMD ALU 单元可大幅提高异构运算阵列的通用性和灵活性。通过多个 ALU 单元和 MDU 单元的组合，可以方便地实现多种复杂运算
First-One-Detector	对一个 16bit 数进行首个"1"检测。输出为一个 5bit 数，最高位判断是否有"1"，后 4 位表示"1"所在位置	H.264 标准中，如果在编码码流序列中检测到首先出现的"1"位置，那么整个句法元素可以提取并解码
定时器（timer）	在经过配置的计数周期后，输出一个周期的有效信号	主要用于在 LTE 系统中管理各个模块的工作顺序，进行时序控制和调整
4 点 FFT	离散傅里叶变换的快速算法	在 LTE 内接收机中需 FFT 将时域信号转化为频域信号
CORDIC（配置字：MODE/DIN）	根据模式实现 CORDIC 算法中的旋转模式和向量模式。CORDIC 单元主要用于三角函数、双曲线、指数、对数等运算	在 LTE 系统 QR 分解过程中需要 $\cos\theta$ 和 $\sin\theta$。可用两个 CORDIC 实现，第一个 CORDIC 采用向量模式迭代出两条边的夹角 θ，第二个 CORDIC 采用旋转模式迭代出 $\cos\theta$ 和 $\sin\theta$
加权平均（weighted-mean）		在 H.264 编解码器的帧内预测、帧间预测、去方块滤波等模块中均有应用

续表

加速单元	功能	说明
Demap	输入为两个周期的 32bit 数据,输出为四个周期的 32bit 值	在 LTE MIMO 检测模块中,Demap 将接收到的数据点解调为星座图上最靠近这个点的映射信号,实现了枚举当前最优节点以及后续节点的功能

3. 运算加速阵列与存储器的通信

该多核处理器的存储体系采用全局分布簇内共享的架构。从单个簇单元来看,簇内四个处理器的数据存储器簇内共享,支持单一地址空间访问,在簇内形成了局部的共享存储体系,提高了局部访问速度。而簇间存储器的访问通过片上网络访问,使得存储器可以方便地进行扩展,并方便地访问物理位置相对较远的节点存储器。

另外,DMA 使异构运算阵列可直接与存储器进行通信,同时实现运算后数据的灵活存储。图 4.20 所示为异构运算阵列的 DMA 工作方式,每个处理器节点均有两个 DMA 用于本地存储器与异构运算阵列间的数据通信。对于异构运算阵列中 Zig-zag 等单元,可以通过本地节点的一个 DMA 自动读取本地存储器的数据到异构运算阵列中进行计算,然后通过本地节点的另一个 DMA 将结果写入本地存储器的其他块中,或者通过其他节点的一个 DMA 将结果写入其他节点存储器中。如此,通过 DMA 后台处理数据的方式,进一步降低处理器的工作负荷。

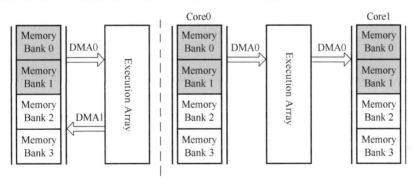

图 4.20 异构运算阵列的 DMA 工作方式

4. 异构多核处理器的物理实现

图 4.21 是异构 24 核处理器的芯片照片。芯片面积为 18.8 mm^2,含约 2000 万个晶体管,典型频率为 850MHz,整个多核处理器的功耗为 523mW,折合到每个核上只有 22mW,能量效率为 39GOPS/W,即每条指令的平均功耗为 26pJ,具有较好的功耗效率。

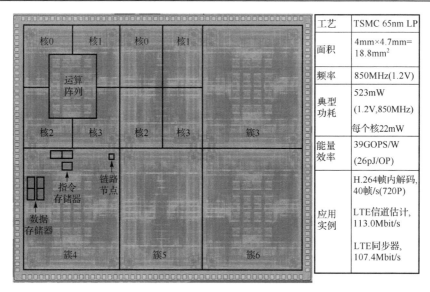

工艺	TSMC 65nm LP
面积	4mm×4.7mm= 18.8mm²
频率	850MHz(1.2V)
典型 功耗	523mW (1.2V,850MHz) 每个核22mW
能量 效率	39GOPS/W (26pJ/OP)
应用 实例	H.264帧内解码, 40帧/s(720P) LTE信道估计, 113.0Mbit/s LTE同步器, 107.4Mbit/s

图 4.21　异构 24 核处理器芯片照片及主要参数

图 4.22 是该芯片在不同电压下的频率、功耗及能量效率的指标。随着工作电压的升高，处理器的最大频率和功耗都会上升，如图 4.22(a) 所示。能量效率快速下降，如图 4.22(b) 所示。所以在对频率要求不是非常高的情况下，通过降低工作电压，可以提升处理器的能量效率，这也是目前处理器低功耗设计的一个发展趋势。

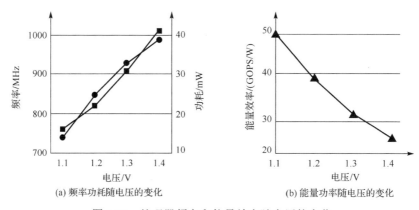

(a) 频率功耗随电压的变化　　　　　　(b) 能量功率随电压的变化

图 4.22　处理器频率和能量效率随电压的变化

4.4.2　面向通信、多媒体、大数据、信息安全的 64 核处理器

传统的处理器的并行方案主要包括指令级并行和数据级并行，如果在芯片内设计了面向不同应用领域的加速器，则可以同时高效地实现多种应用，我们称为"应用级"并行。

图 4.23 是一款面向通信、多媒体、大数据、信息安全的 64 核处理器架构。该处理器将芯片划分成多个区域，每个区域具有不同的领域专用加速单元。每个簇中包括 8 个处理器单元(图中 Core)，每个处理器挂载一个加速器(图中 A)，不同的核可能有面向不同应用的加速器。8 个处理器和 8 个加速器挂载到本地双向单周期多令牌环(图中 Ring)。簇内的每个处理器单元有私有指令存储和共享数据存储(图中 M)。簇间共享一个全局路由器，全局路由器构成一个 4×4 的 2D Mesh 拓扑网络结构。通过簇内的共享存储器，处理器实现了共享存储通信机制；通过包交换全局网络和局部令牌环路，处理器可以支持各个节点之间的消息传递通信机制，特别地，利用局部环路也可实现加速器-加速器以及加速器-处理器的各种形式的级联。以上通信可以看作对 24 核处理器通信方式的扩充和改进。

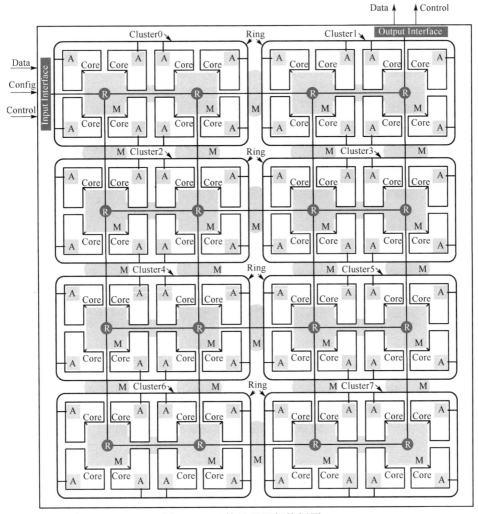

图 4.23　64 核处理器架构框图

1．丰富异构加速器设计

该 64 核处理器面向多媒体(H.264 基本档次解码器)、通信(3GPP-LTE 的下行链路)、信息安全(AES 和 DES 加解密)以及云计算(如 map-reduce 等算法)四个应用领域。芯片内簇内节点的耦合度较高(共享存储器以及环互联)，而簇间的耦合度较低(主要通过广域网的包交换网络互相通信)。因此，一种类型的应用应该尽量集中在同簇内完成，其所需的加速器也应尽量集中在同簇内，实现设计的集中性。而不同的应用尽量映射到不同的簇，实现应用之间的解耦合。图 4.24 为加速器安排整体架构框图。其中，簇 0 和簇 1 面向 H.264 解码器，簇 2、簇 3 和簇 5 面向 LTE 应用，簇 4 面向云计算应用，簇 6 和簇 7 面向信息安全应用。所有加速器及其功能说明如表 4.4 所示。

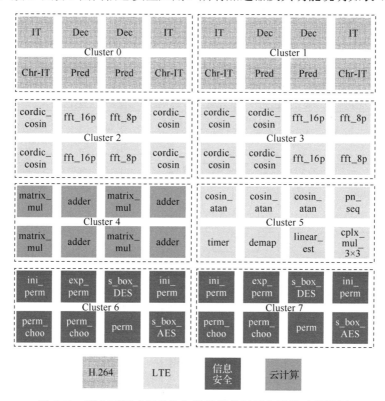

图 4.24　面向不同应用异构加速器架构以及加速器映射框图

表 4.4　64 核处理器中各个加速器及其功能说明

加速器	功能描述	输入输出
Dec	计算残差的 run 和 level	输入为码流； 输出 32bit{run,level}对

续表

加速器	功能描述	输入输出
IT/Chr_IT	与表 4.3 类似	与表 4.3 类似
Pred	亮度的预测	输入为 32bit 参考值和预测模式； 输出为 32bit 预测结果
cordic_cosin	计算给定角度的正余弦	输入 32bit 的角度； 输出 32bit，{cos, sin}
cosin_atan	计算反正切	输入为 32bit，{Re, Im}； 输出为 32bit 的角度
fft_8p	8 点复数 FFT	输入为 32bit，{Re, Im}，连续输入； 输出为 32bit，{Re, Im}
fft_16p	16 点复数快速傅里叶变换	输入为 32bit，{Re, Im}，连续输入； 输出为 32bit，{Re, Im}
Demap	与表 4.3 类似	与表 4.3 类似
timer	与表 4.3 类似	与表 4.3 类似
pn_seq	与表 4.3PN_Sequence 类似	与表 4.3 类似
cplx_mul_3×3	LTE 维纳滤波器中的复数矩阵相乘	输入 32bit，{Re, Im}； 输出 32bit
linear_est	LTE 线性滤波器中的线性插值	先输入配置字：{29'b0, sel}，sel[2]为模式选择，sel[1:0]选择输出值；然后依次输入左值、右值； 输出 32bit，{Re, Im}
s_box_DES	DES 加密中的 S 盒	先输入{16'b0, 高 16bit 部分}，再输入{低 32bit 部分}； 输出 32bit
s_box_AES	AES 加密中的 S 盒	输入{ 23'b0, inv, 8bit 输入}；inv 为 1 表示逆 S 盒子，0 表示 S 盒子； 输出 32bit，低 8bit 有效
ini_perm	初始置换/逆初始置换（IP/IP^{-1}）	先输入 0 或 1，0 表示初始置换，1 表示逆初始置换，再依次输入高低 32bit； 输出 64bit
exp_perm	扩展置换（EP）	输入 32bit； 输出 48bit
perm	置换函数（P）	输入 32bit； 输出 32bit
perm_choo	置换选择（PC-1/PC-2）	先输入 0 或者 1，0 表示 PC-1，1 表示 PC-2，再输入 64bit 或 56bit； 输出 56bit 或 48bit
adder	云计算中的累加器	输入 32bit 数据； 输出 32bit 累加结果

加速器	功能描述	输入输出
matrix_mul	云计算中的乘法器	输入 32bit 的操作数； 输出 64bit 乘法结果

2. 处理器-加速器互连设计

处理器与加速器的互连有松散耦合以及紧密耦合之分，松散耦合是指加速器挂载到一个片上网络节点下，可以通过片上网络进行共享，紧密耦合是指一个加速器紧连一个处理器。一般而言，紧密耦合的设计加速器与处理器的通信效率会比较高，拥有更大的带宽和更小的延迟，而松散耦合则更注重处理器对加速器的共享，从而可提高加速器的利用率。我们希望兼顾加速器的高通信效率和较好的共享性，为此，在簇内使用了紧密耦合而簇间则采用了松散耦合。之前所述的单周期点到点的令牌环局域网的互连保证了簇内紧密耦合与高通信效率，而包交换的广域网则提供了整芯片加速器共享通道。下面说明如何通过广域网+局域网实现加速器的全局共享。

如图 4.25 所示，假设在簇 0 的第 0 核要调用簇 1 的第 7 核的加速器，需要在簇 1 运行一个代理服务器（如簇 1 的第 4 核）。第 0 核首先通过包交换网络向簇 1 第 4 核发送调用加速器建立链路的申请包，第 4 核获取该申请包后，向簇 1 的令牌环控制器发送申请，直到获得授权，第 4 核通过广域网回馈给第 0 核一个同步信号，第 0 核检测到同步后，开始把调用加速器的参数通过广域网传给第 4 核，第 4 核通过令牌环转发给加速器 7。加速器 7 完成计算后先将结果发送给第 4 核，第 4 核转发到广域网并回到第 0 核，完成了跨簇加速器访问。这种调用用到比较慢的广域网并且还要经过代理服务器的转发，实际效率比较低，一般应用应该尽量就近映射到需要调用加速器的簇。但是这种跨簇调用加速器的实现方法提供了加速器全局共享性，从而为软件实现提供了更多的映射选择，提高了多核处理器的灵活性。

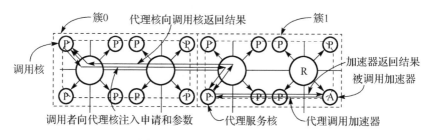

图 4.25　加速器全局共享实现

3. 芯片实现及其参数

64 核处理器采用 TSMC 65nm GP CMOS 工艺实现，采用 COB 封装。图 4.26、图 4.27 分别是 64 核芯片照片及封装图。芯片面积为 22.3mm^2，时钟频率在 1.05V 时为 1GHz，在 1.1V 时为 1.1GHz，单核功耗约 20mW。

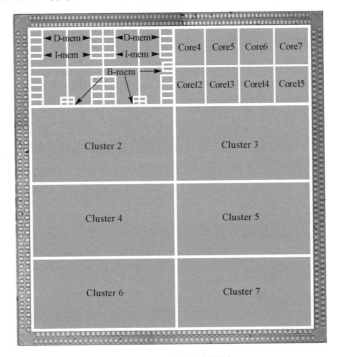

图 4.26　64 核芯片照片

图 4.27　64 核芯片封装引脚图

4.4.3　面向人工智能的异构多核处理器

1.　人工智能处理器概述

人工智能被广泛认为是下一个信息技术革命的核心。目前，以深度学习技术为代表的人工智能技术在图像识别和语音识别的能力方面已超过或接近人类，并迅速渗透到监控、自动驾驶、自动翻译、金融、医疗等应用领域。

人工智能的发展依赖于算法、计算力、大数据的合力发展。图 4.28 是广泛用于图像识别领域的深度卷积网络的架构示意图，由多层卷积层网络构成，每层网络又包含大量的乘加卷积运算。为了得到实时的图像识别，需要每秒几百 GB 甚至 1TB 以上的乘加计算量。通用的 CPU 无法满足深度神经网络的性能要求，而 GPU 虽然能满足性能的要求但是功耗太大。为大幅提高计算力及功耗效率，面向人工智能的加速器层出不穷，"CPU＋AI 加速器"或"CPU＋AI DSP"的方案被广泛地应用到智能手机等领域。图 4.29 是一个典型的人工智能异构多核处理器框图，包含 CPU、DSP、AI 加速阵列三大主要模块。CPU 主要用作系统控制；AI 加速阵列通常集成上千个乘加单元，可快速地进行深度学习神经网络的卷积运算及其他大规模运算；DSP 的灵活性和计算性能介于 CPU 和 AI 加速阵列之间，用于需要较大运算量但又具有较好的灵活性需求的运算。

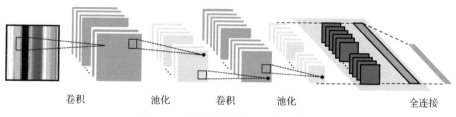

卷积　　　　池化　　　　卷积　　　　池化　　　　　　全连接

图 4.28　深度卷积网络架构示意图

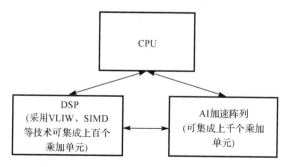

图 4.29　典型的人工智能异构多核处理器

Cadence 公司推出了面向 AI 加速的 C5 DSP[25]，如图 4.30 所示。该 AI 加速

器采用 128 路 SIMD VLIW 处理器，集成了 1024 个 8bit MAC 计算单元，具有 1024bit 的内存接口并可同时进行 2 读 2 写操作，并内嵌 DMA，可高效地运行各种神经网络。

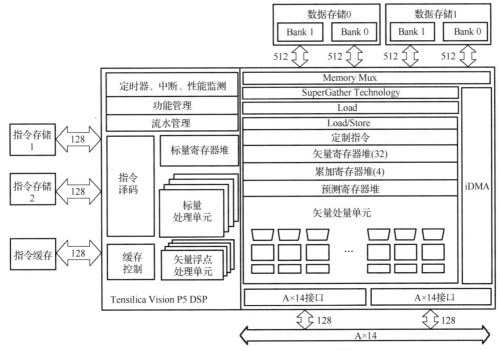

图 4.30　Cadence Tensilica C5 DSP[25]

2. 一种灵活而高效的深度卷积神经网络加速器设计

图 4.31 是一个高效的深度卷积神经网络加速器的架构示意图[26]，该加速器的设计注重高效的并行计算、数据传递及数据复用，并通过灵活的软件可重构的方式支持各种卷积神经网络。加速器主要由四个运算加速引擎(PEB)组成。每个 PEB 包括可重构卷积运算单元(CPE)、激活函数单元(AF engine)、池化单元(PL engine)，以及数据暂存存储器。PEB-PEB 之间以及 PEB-寄存器堆之间通过互连网络(NW)进行互连。译码器(decoder)接受配置指令信息，生成各种控制信号，其中的配置模块(CEF)可控制 PEB 的循环计算等功能，简化循环计算的硬件开支。数据传输网络(data transfer network)用于控制加速器与片外存储的数据交互。

图 4.32 是卷积运算加速器单元示意图，包含可重构的乘法单元(ME)阵列、互连交换网络(switch network)、加法器树(adder trees)以及数据缓冲存储器(BRAM)。该加速单元可灵活地配置乘法和加法的组合方式，从而实现各种卷积运算的加速。

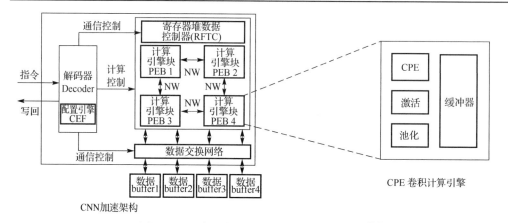

图 4.31 一个深度卷积神经网络加速器架构[26]

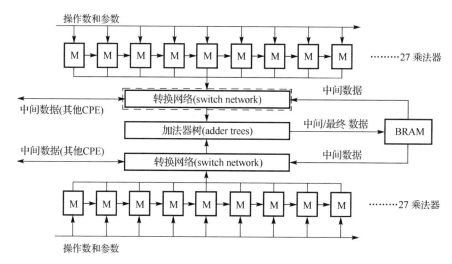

图 4.32 卷积运算加速器单元

4.5 本 章 小 结

指令集串行执行的特征使处理器具有天然的功耗效率低的弱点，即便多核处理器等技术的发展试图提高处理器的功耗效率，但无法有本质的改变。而大数据、人工智能等新的应用又迫切希望具有更高性能及功耗效率的方案，催生了各种领域专用处理器。这些领域专用处理器通常以"CPU+加速器"的异构形式出现，包括"CPU+GPU""CPU+FPGA""CPU+加速器"等。这些新的架构形式带来了编程、互联等挑战，预计将成为下一阶段集成电路及处理器领域的研究重点。

参 考 文 献

[1]　Waldrop M M. The chips are down for Moore's Law. Nature, 2016, 530(7589): 144-147.

[2]　Markovic D. EE292 Class Lecture. Palo Alto: Stanford University, 2013.

[3]　Merolla P A, Arthur J V, Alvarez-Icaza R, et al. A million spiking-neuron integrated circuit with a scalable communication network and interface. SCIENCE, 2014, 345(6187): 668-673.

[4]　Jouppi N P, Young C, Patil N, et al. In-datacenter performance analysis of a tensor processing unit. Proceedings of ACM/IEEE Annual International Symposium on Computer Architecture (ISCA), Toronto, 2017: 1-12.

[5]　Patterson D. 50 Years of computer architecture: From the mainframe CPU to the domain-specific TPU and the open RISC-V instruction set. Proceedings of IEEE International Solid-State Circuits Conference (ISSCC), San Francisco, 2018: 27-31.

[6]　Hennessy J, Patterson D. A new golden age for computer architecture: Domain-specific hardware/software co-design, enhanced security, open instruction sets, and agile chip development. Turing Lecture in International Symposium on Computer Architecture (ISCA), Los Angeles, 2018.

[7]　Tullsen R I D. Heterogeneous computing. IEEE Micro, 2015, 35 (4): 4-5.

[8]　Keutzer K, Malik S, Newton A R. From ASIC to ASIP: The next design discontinuity. Proceedings of IEEE International Conference on Computer Design (ICCD), Freiberg, 2002: 84-90.

[9]　Kumar R, Farkas K, Jouppi N P, et al. Single-ISA heterogeneous multi-core architectures: The potential for processor power reduction. Proceedings of IEEE International Symposium on Microarchitecture (MICRO), San Diego, 2003: 81-92.

[10]　ARM. Big.LITTLE Processing with ARM Cortex™-A15 & Cortex-A7. 2013.

[11]　Su L. Architecting the future through heterogeneous computing. Proceedings of IEEE International Solid-State Circuits Conference (ISSCC), San Francisco, 2013: 8-11.

[12]　Xilinx. Zynq-7000 Production Introduction. http://www.xilinx.com/products/silicon-devices/soc/zynq-7000.html[2019-05-01].

[13]　CCIX. An Introduction of CCIX. https://www.ccixconsortium.com/[2019-05-01].

[14]　Open CAPI. Technical Specification. https://opencapi.org[2019-05-01].

[15]　Foley D, Danskin J. Ultra-performance pascal GPU and NVLink interconnect. IEEE Micro, 2017, 37(2): 7-17.

[16]　Stone J E, Gohara D, Shi G. OpenCL: A parallel programming standard for heterogeneous computing systems. Computing in Science & Engineering, 2010: 12(3): 66-73.

[17] Nickolls J, Dally W J. The GPU computing era. IEEE Micro, 2010, 30 (2): 56-69.

[18] Munshi A. The OpenCL Specification. https://www.khronos.org/registry/OpenCL/specs/[2009-06-10].

[19] Herdman J A, Gaudin W P, Mclntosh-Smith S. Accelerating hydrocodes with OpenACC, OpenCL and CUDA. SC Companion: High Performance Computing, Networking Storage and Analysis, 2012: 465-471.

[20] HSA Foundation. HSA Foundation Specification Version1.1. http://www.hsafoundation.com [2019-05-01]

[21] Cong J, Liu B, Neuendorffer S, et al. High-level synthesis for FPGAs: From prototyping to deployment. IEEE Transactions on Computer-aided Design of Integrated Circuits and Systems, 2011, 30 (4): 473-491.

[22] Siddagangaiah T. Hardware accelerator for convolutional neural network. Guangzhou: Sun Yat-Sen University, 2016.

[23] Ou P, Zhang J J, Quan H, et al. A 65nm 39GOPS/W 24-core processor with 11Tb/s/W packet controlled circuit-switched double-layer network-on-chip and heterogeneous execution array. Proceedings of IEEE International Solid-State Circuits Conference (ISSCC), San Francisco, 2013: 56-57.

[24] 魏少军, 刘雷波, 尹首一. 可重构计算. 北京: 科学出版社, 2015.

[25] Codence. Enabling Embedded Vision Neural Network DSPs. https://ip.cadence.com/applications/cnn [2019-05-01].

[26] Chen X B, Yu Z Y. A flexible and energy efficient convolutional neural network acceleration with dedicated ISA and accelerator. IEEE Transactions on Very Large Scale Integration (VLSI) Systems, 2018: 26 (7): 1408-1412.

第 5 章　3D 处理器

第 3 章和第 4 章所讨论的多核处理器及异构系统较好地提高了系统性能及功耗效率，但仍面临灵活性、存储墙等问题，这促使人们探索更多新型的处理器体系结构，以获得高可扩展性、灵活性和高效性等优点。目前，晶体管正从 2D 结构发展成 3D FinFET 结构。与此有些类似的芯片系统层面的关键创新之一是从单芯片 2D 系统到多芯片 2.5D/3D 系统的发展。

SoC 通常在单芯片上集成了众多功能，如处理器、数字逻辑电路、存储器以及模拟器件。一些 SoC 芯片有数以亿计的门电路，工作频率为几 GHz，具有很高的性能。然而，SoC 芯片面临许多重要的挑战。

(1)SoC 芯片面临的最大问题是不断更新的工艺导致不断攀升的设计和制造成本。如 1.1.4 节所述，目前芯片及单个晶体管的成本均呈不断上升趋势，大型 SoC 芯片的软硬件开发成本动辄数亿人民币。此外，高复杂度大面积的 SoC 还会降低成品率，也导致了产品成本的上升。

(2)高成本要求 SoC 芯片具有良好的灵活性以适应更多的应用以分摊成本，但是 SoC 芯片的灵活性并不高，例如，无法调整芯片内处理器核的数量、存储的容量、加速器的类型。

(3)芯片规模扩大引起了很大的互连问题。随着晶体管尺寸的缩小，门延迟不断降低，片上互连延迟超越门延迟，对系统性能的影响增大。SoC 芯片不断增大的面积带来严重的全局互连问题，导致越来越多的互连延时及互连功耗，并大幅增加了设计难度。

(4)集成在同一块裸片上的所有器件必须采用相同的工艺节点制造，而在先进的技术节点上设计模拟射频电路具有极大的挑战性，需要应对如工艺偏差、噪声、漏电流等众多工艺相关问题。

另外，如果把单芯片的功能分散在多个芯片上实现，然后通过 PCB 集成在一起，则系统可具有很高的灵活性，但芯片间的通信延迟较大，通信带宽较低，从而会影响整个系统的性能。

一种介于单芯片 SoC 和板级系统 PCB 的方案是在单个封装中放置多块芯片，通过引线键合、倒装芯片将多个芯片附着在衬底上，这种集成策略称为系统级封装（system-in-package，SiP），或者 silicon-in-package、multi-chip module，并在 1990 年开始得到运用。跟 SoC 相比，SiP 有很多优点，如灵活性得到极大的提高，许多不同的电路如数字电路、模拟和射频电路、存储器芯片、微机电系统

(micro-electromechanical systems，MEMS)等可以分别采用各自最佳的工艺制造。但是，SiP 的性能与 SoC 相比仍然具有较大的差距。

3D 多芯片集成技术可以看作 SiP 技术的衍生，可进一步改善芯片间的互连特性，提供了高带宽、低功耗、高密度的输入/输出(I/O)，有效地缓解存储墙等问题，达到高性能、高灵活性等优点，有望成为主流的系统方案。3D 集成技术具体可以分为 2.5D TSI(through silicon interposer)及 3D 硅通孔(through silicon via，TSV)等技术，这些技术中具体哪一个将主导市场目前还很难估计，但这些变化肯定会影响处理器的体系结构和电路。本书中的 3D 是对 2.5D/3D 等技术的统称。

图 5.1 所示是对各类芯片集成方案的比较。

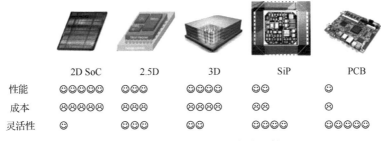

图 5.1　几种芯片集成方案的比较

本章旨在探讨 3D 处理器系统的关键技术，首先介绍 3D 封装集成及其在存储器、处理器等方面的应用，然后介绍 2.5D 封装集成及其在 FPGA 等方面的应用，比较 3D/2.5D 封装的特征和优劣，最后介绍一个 2.5D 多核处理器的设计实例。

5.1　3D 封装技术及其应用

5.1.1　3D 封装技术介绍

图 5.2 是各种 3D 封装示意图[1]，包括引线键合(wire bonded)、微凸点(microbump)封装、无线互连、通孔互连等方案。

金属引线键合是很常用的芯片封装方式，芯片经封装后通常在 PCB 上连接。然而，多个芯片也可利用引线键合的方式进行纵向连接，构成 3D 封装(图 5.2(a))。但是引线键合只能分布在芯片的四周，并且引线之间需要较大的间距(约 35μm)，导致该方案的 I/O 数量非常有限。此外，引线键合通常需要占据所有的金属层作为焊盘来防止焊接过程受损，需要占据较大的额外的芯片面积。另外，由于连接的负载电容较大，引线键合的互连速度也较慢。除了系统面积相对较小之外，引线键合的 3D 封装在 I/O 互连数量、速度等方面与 PCB 及 SiP 相比并无明显优势。

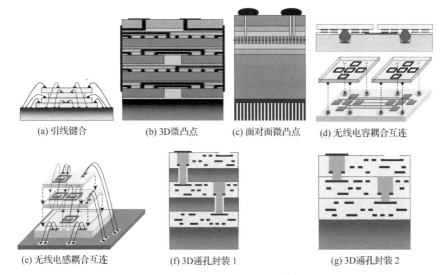

图 5.2　3D 封装示意图[1]

　　微凸点封装方式利用凸点作为芯片间的互连介质。微凸点通常只需要利用最高层（或最高两层）金属制造，而把其他金属层留给芯片内部晶体管的互连。因此，微凸点可利用整个芯片面积来制作，可支持的 I/O 数量比引线键合的方式大幅提高。微凸点 3D 封装又可分成图 5.2(b) 和 5.2(c) 两种方式。图 5.2(b) 支持多层芯片，但是互连线需要绕过芯片，连线较长，也导致互连速度有限。图 5.2(c) 中两个芯片采用面对面（face to face）微凸点的方式连接，可极大地缩短连线的长度、提高互连速度、降低互连功耗。但是，面对面互连方式只能支持两个芯片的 3D 集成，要连接更多芯片则需要结合其他互连方案。

　　通孔互连是目前最成熟也是已被广泛使用的 3D 封装技术，它可以实现最佳的互连密度，但是制造成本较高。如图 5.2(f) 及图 5.2(g) 所示，一个裸片堆叠在另一个裸片上，两者在竖直方向上通过 TSV 通道直接相连。3D 堆叠有两种常见的实现方式：面对面（face to face）和面对背（face to back）。面对面堆叠时，两个裸片通过微凸点面对面的连接起来，TSV 通道穿过底层裸片的有源层和衬底，抵达金属化的背面；金属层的背面作为重分布层通过微凸点连接至封装基板。面对背堆叠式，两个或者更多的裸片堆叠在一起，一个依次堆叠在另一个芯片上面，有源区域正对衬底。下层裸片的背面会被金属化，微凸点用于连接。3D 技术可以用于堆叠同构的裸片，例如，堆叠纯存储裸片以制造存储器立方体（memory cube），也可以用于堆叠不同的裸片，例如，堆叠处理器和存储器。

　　利用电容耦合或电感耦合构成无线互连是非常有吸引力的3D封装形式,如图5.2(d)或图 5.2(e) 所示。无线互连方案无须将物理连线连接到芯片外围，从而减少了连线长度。此外，无线互连方案涉及的芯片制造流程较简单，与微凸点封装和通孔互连相比可大幅降低制造成本。电容耦合通常通过高层金属生成电容，其互连密度取决于芯片间的距离、芯片间的介电常数以及数据的上升和下降时间等因素。但是，电容耦合通常只支持面对面的两个芯片，芯片数量扩展较难。此外，如何准确地得到有效的电容耦合和电感耦合仍然存在困难，无线 3D 互连方式目前还未大规模商用。

5.1.2　3D 封装技术在存储器中的应用

在产业界，3D 技术首先在存储器中得以实现，现已获得广泛的应用，三星、Micron 等公司在 3D 存储器领域有一系列成功的产品。图 5.3 是三星电子公司 2009 年发布的利用 3D TSV 封装技术实现的容量为 8GB 的 DRAM 示意图[2]。该 DRAM 包含四层堆叠的芯片，其中底层是主芯片(master chip)，包含 DRAM 单元及多层芯片的读写控制电路；上面三层是从芯片(slave chips)，包含 DRAM 单元及芯片测试电路。图 5.4 是该 3D DRAM 的芯片照片。芯片采用 50nm 工艺制造，芯片尺寸为 10.9mm×9mm。约 400 个 TSV 通道位于芯片中间位置，并显示了 4 层 TSV 通道的横截面图。TSV 通道的节距为 80μm，直径为 30μm。与传统多芯片封装方式相比，可降低 50% 的静态功耗及 25% 的动态功耗，并可提升 60% 的 I/O 速度。TSV 检测及修正方案使成品率达到 98% 以上。额外的电源/地的 I/O 引脚使电源噪声小于 100mV。

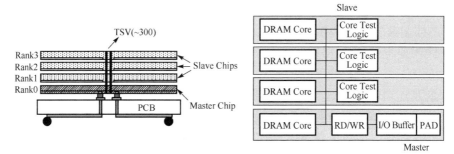

图 5.3　4 层 3D TSV DRAM 示意图[2]

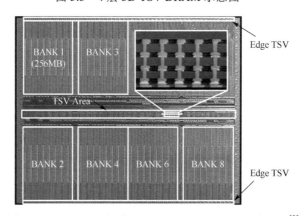

图 5.4　3D DRAM 芯片图及 4 层 TSV 通道的横截面图[2]

在工业界，3D 堆叠 DRAM 主要分为两个阵营：由 Micron、Intel 等主导的 HMC(hybrid memory cube) 和由 AMD、Hynix 所主导的 HBM(high bandwidth memory)。由 AMD 所设计的 Fury[3] 便是一款 3D 堆叠封装的芯片，集成了 4GB 的 DRAM 内存和由 4096 个流处理单元组成 GPU，总体可利用内存带宽达到了 512Gbit/s。

此外，3D 堆叠已成为 Flash 存储器的标准技术。2008 年三星推出 2 层、4GB 容量的 NAND Flash 存储芯片，证明了 3D 堆叠技术的可行性，图 5.5 是其器件示意图及芯片图[4,5]。位线(BL)位于第二层，通过通孔与第一层相连，形成了位线共享的结构。芯片采用 45nm 工艺制造，每层容量 2GB，单元面积为 $0.0021\mu m^2$/bit，存储密度与 2D 存储相比提高近 1 倍，而性能基本不变。

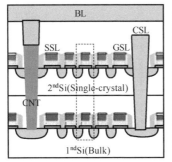

图 5.5　2 层 3D Flash 芯片[4,5]

2014 年三星公司推出了 24 层、128GB 容量的 3D NAND Flash 存储器[5]。图 5.6 是其电路结构示意图、芯片横截面图以及采用电荷陷阱闪存(charge trap flash)结构的存储单元示意图。存储单元采用多层式单元(multi level cell, MLC)，每个存储单元可存 2bit 信息。除了 24 层字线(WL)层外，还有 2 层 dummy 层(Dummy0、Dummy1)。该 Flash 可用于两种应用场景：个人移动应用中写速度为 50MB/s、写寿命为 3000 次；企业应用端写速度为 36MB/s、写寿命为 35000 次。

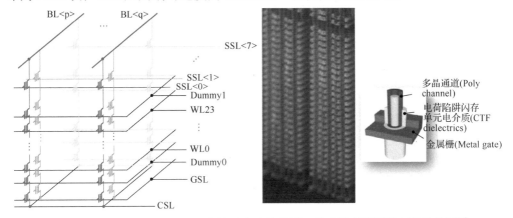

图 5.6　24 层 3D NAND Flash 存储器电路结构图、芯片横截面图及存储单元图[5]

3D Flash 存储器发展迅猛。2015 年三星推出了 32 层的 Flash，而 2018 年 Toshiba 报道的 Flash 已上升为 96 层[6]。

5.1.3　3D 封装技术在处理器中的应用

3D 封装技术可改变处理器的架构。跟规整的存储器相比，处理器具有比较复杂的布局，使得 3D 处理器可以具有不同的划分方式。表 5.1 是 4 种可以选择的方案[7]。

表 5.1　3D 处理器的 4 种实现方案

方案	特点	优点及设计复杂度	举例
方案 1	基本不改变处理器核的设计，把多核处理器的不同的核放在不同的 3D 堆叠层	可降低核间互连的长度、减少系统的面积，设计复杂度低	
方案 2	基本不改变处理器结构，把部分缓存与处理器核放在不同的 3D 堆叠层	可提高处理器核访问缓存的速度，设计复杂度低	
方案 3	重新设计处理器版图规划，但基本不改变模块设计，将有些具有较长连线的关键路径上的模块分到不同的 3D 堆叠层中	降低模块间的互连长度，提高系统性能，设计复杂度较高	将 ALU 模块和数据缓存模块分到不同层
方案 4	重新设计处理器的电路及版图，深度改变一些模块设计，将模块中的不同部分划分到不同的 3D 堆叠层中	降低互连长度，提高系统性能，设计复杂度最高	将 ALU 模块中高位及低位运算单元分到不同层

图 5.7 是方案 1 和方案 2 的示意图。这两个方案基本不改变处理器的设计，把不同的处理器核或者缓存放置于不同的 3D 堆叠层，通过 TSV 通道互连，从而降低核间互连或者处理器核-缓存的互连，并减小芯片的面积。方案设计复杂度低。

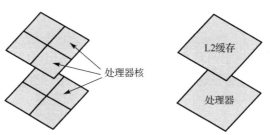

图 5.7　3D 多核处理器的两种方案

方案 3 需要重新设计处理器版图规划，以便更充分地利用 3D 互连带来的互连优势。图 5.8 所示是方案 3 的一个 3D 处理器例子。图 5.8(a) 是 Intel 公司奔腾 4 微处理器的版图，该处理器具有超标量结构、30 多级深度流水。图 5.8(b) 显示了将该处理器划分成两个芯片，通过 3D 封装的方式集成，芯片面积大约只有原先的 1/2[8]。同时，修改了版图布局，改变了一些模块的位置，以尽可能地利用 3D 互连来缩短模块间的互连长度，减少互连延迟及互连功耗，具体包括：①图 5.8(a) 所示的从数据缓存到运算单元(F)的数据交互经常成为关键路径，因此，在 5.8(b) 中将数据缓存和 F 放在上下两层类似的位置，大幅缩短了它们之间的连线长度；②类似，将浮点运算单元(FP)及寄存器堆(RF)放在上下两层邻近的位置，从而提高了浮点运算单元获取寄存器堆的速度。实验表明，该 3D 处理器与原先的 2D 处理器相比性能提升了约 15%，同时功耗降低了约 15%。

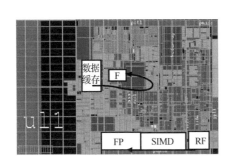
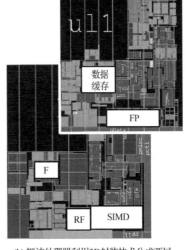

(a) Intel处理器版图　　　　　　　　(b) 把该处理器利用3D封装技术分成两层

图 5.8　方案 3 的例子[8]

但是，3D 技术在处理器中的应用还不普遍，主要原因在于 3D 堆叠会加剧处理器的功耗密度及散热问题。图 5.8 所示的 3D 处理器的功耗密度会提高将近 1 倍(假定面积降低一半而功耗降低忽略不计)，而温度大约会从 98.6℃上升到 124.75℃。

5.1.4　基于 3D 封装技术的计算型存储研究

2010 年左右，物联网等数据密集型(data-intensive)应用的快速增长使存储墙的问题更加突出，而 3D 堆叠技术的发展带来了新的存储设计方案，计算型存储的研究又迎来了热潮。

由于 3D 封装内部芯片的可异构性和它所带来的高存储带宽等特性，许多学者开始研究基于该技术的计算型存储系统。如图 5.9 所示，多层存储芯片和计算逻辑芯片通过 3D 堆叠的方式组合在一起，计算逻辑层芯片可包括通用处理单元和专用硬件加速电路，并与存储芯片密切配合，形成一个计算型存储系统。例如，文献[9]基于 HMC 技术，针对图形处理数据密集型应用设计了一个专用的逻辑芯片层，和多层 DRAM 芯片堆叠在一起，形成一个可计算存储体系。文献[10]则是将许多乘加单元以硬件加速器的形式集成到逻辑层，并为之设计了相关的指令。

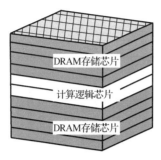

图 5.9　3D 堆叠计算型存储

与 20 世纪 90 年代基于 DRAM 的计算型存储设计相比，利用 3D 堆叠技术所实现的计算型存储系统不再要求运算电路和存储电路集成于同一芯片，而是分别利用各自工艺制造以单独芯片形式存在，克服了逻辑电路和存储电路生产工艺的限制。与传统多芯片系统相比，基于 3D 堆叠技术的计算型存储系统可以带来更低的内存访问延迟和更高的存储带宽。但是，基于 3D 堆叠的计算型存储系统仍然存在功耗及散热、生产良率、系统测试复杂度等问题。

5.1.5　3D 封装技术在片上网络中的应用

也有研究将 3D 封装技术应用于片上网络(具体介绍见 3.4 节)。图 5.10 显示了若干种片上网络实现示意图[11]。图 5.10(a)是常见的 2D 网格形式，图 5.10(b)～(d)是 3 种不同的 3D 互连方式。图 5.10(b)把片上网络从 2D 转换成 3D，每个路由器的输入、输出口从 5 个增加到了 7 个。图 5.10(c)中纵向的互连采用总线，整个系统可以看作片上网络和总线的融合。图 5.10(d)采用定制的互连网络来减少网络开支。这些 3D 互连网络在性能、功耗等方面各有优缺点，但与 2D 互连网络比，由于增加了纵向的互连功能，可显著提升系统性能。

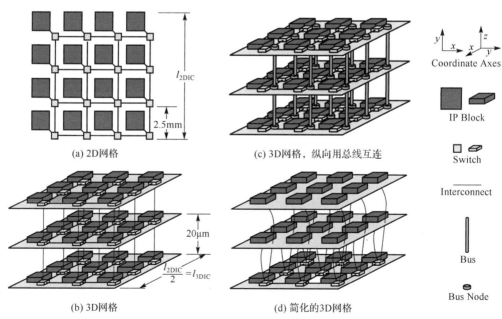

(a) 2D网格　　　　(c) 3D网格，纵向用总线互连

(b) 3D网格　　　　(d) 简化的3D网格

图 5.10　片上网络示意图[11]

5.2　2.5D 封装技术及其应用

由于 3D 封装技术在应用到处理器或数字逻辑芯片时仍面临严峻的功耗挑战，介于 3D 和 2D 之间的 2.5D 技术被视为一个良好的折中手段，既可获得高效的互连速度，又可有效避免功耗的问题。美国 CMU 研究团队在 2001 年提出了 2.5D 横向堆叠作为异构系统集成的设计理念[12]，其后有诸多文献开始进行架构建模与仿真，探索新的设计空间。

5.2.1　2.5D 封装技术介绍

2.5D 封装技术将多个裸片集成在同一块衬底上，最后集成在一个封装内部，图 5.11 为其示意图。封装的过程结合了传统的半导体制造工艺环节和新型的封装技术，有多种工艺实现方法。下面是常见的 2.5D 封装的三个主要步骤。

(1) 微凸点(μbump)的制造。在芯片设计过程中，将片间互连线和连接 I/O PAD 线的信号都拉到顶层，做一个金属块，芯片制造完毕后在上面镀一层微凸点，用来与重分布层(redistribution layer，RDL)焊接。

(2) 重分布层的制造。重分布层的制造是 2.5D 封装中最核心的一道工艺程序。重分布层是硅介层(silicon interposer)的上部分，其顶部与微凸点键合，接引片间互连线和键合(bonding)出去的连线；其中间部分通过掩膜版光刻、淀积、刻蚀、退火、化学机械抛光等一系列工序制造出横向的芯片间的互连线和层间过孔，图 5.11 示意了 4 层重分布层布线层；其底部则与 TSV 键合，引出封装键合线。

(3) 硅通孔(through silicon via，TSV)的制造。TSV 用来纵向连接有机封装衬底和重分布层中向下连接。TSV 也是 3D 堆叠芯片之间纵向的互连线。

重分布层中的横向的芯片间互连线通常称作 TSI 互连线，与纵向连接的 3D TSV 区别。

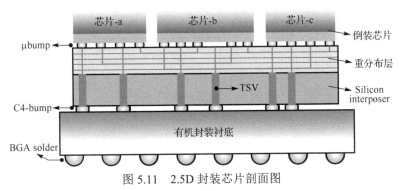

图 5.11　2.5D 封装芯片剖面图

　　2.5D 封装技术应用在不同领域并产生一系列突出的研究成果。这其中大体分两个方向：一个是重点研究 2.5D 片间的 I/O 传输电路，包括信号完整性、能效和带宽的提升等；另一个是研究 2.5D 系统芯片，着重探索 2.5D 先进封装技术对传统应用领域架构和电路带来的革新。

5.2.2　2.5D I/O 电路的进展

　　2012 年，美国 IBM 公司介绍了一种应用在 2.5D 芯片互连中的源同步 I/O 电路[13]，其中微凸点的间距(pitch)只有 50μm，TSI 通道间距为 8～22μm，在 4cm 长的片间互连线中，数据传输速率达到 8×10Gbit/s，能效为 5.3pJ/bit。

　　当芯片间的数据总线宽度达到成百上千时，工艺电压温度波动(PVT variation)对各数据位间时序偏移的影响变为一个关键问题，为此，中国台湾半导体制造公司的 Lin 等在文献[14]中介绍的基于 2.5D CoWoS(chip on wafer on substrate，台积电公司的 2.5D 封装技术)的 eDRAM 平台中采用了闭环时序补偿机制和数据采样对齐训练方法来保证 1024 总线位宽的时序要求，测试结果显示数据传输率为 1.1Gbit/s，能效为 0.105mW/(Gbit/s)。

5.2.3　2.5D 系统芯片的进展

　　2011 年 10 月，FPGA 制造商 Xilinx 推出了 Virtex®-7 2000T 型号的 28nm FPGA 芯片[15](图 5.12)，作为世界首款堆叠硅片互连(stacked silicon interconnect，SSI)技术的器件，它通过将四个同质的 FPGA 芯片在无源硅中介层上互连，构建了当时世界上最大容量的可编程逻辑器件，从而解决了无缺陷大型单芯片制造的问题。通过这个 2.5D 封装技术，Virtex®-7 2000T 片内集成了超过 68 亿个晶体管，约 200 万个逻辑单元，从而为客户提供了两倍于同类竞争产品的容量，其被视作延续摩尔定律演进的一种全新突破。

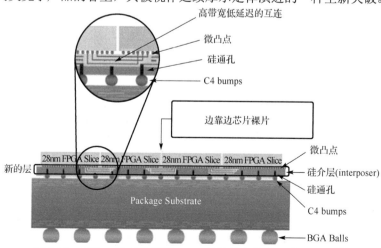

图 5.12　Xilinx 发布的利用 2.5D 封装技术集成 4 个 FPGA[15]

2012 年，美国哥伦比亚大学和 IBM 公司在国际固态集成电路学术会议（ISSCC）上联合发表了一篇论文[16]，该论文采用 2.5D 封装工艺将功率电感和电压转换器集成到同一封装内，从而有效地实现了片上 DVFS。2014 年 ISSCC 会议上，中国台湾交通大学的 Huang 提出了 2.5D 异构集成的生物传感微系统[17]，该芯片集成了 MCU、ADC、DSP，能很好地应用于多通道神经传感中。

由于 2.5D 封装技术提供了高速、高带宽和高能效的多芯片单封装互连方案，该技术在未来还可能会被广泛应用于 CPU、GPU、网络/服务器等高端 ASIC 芯片中。

5.3　2.5D/3D 封装技术的定性及定量特征

2.5D 和 3D 封装技术具有共性，也有一定的差异。

（1）两种封装技术均适合工艺级/功能级的异质模块集成。不同应用场景对器件工艺的耐压性、驱动电流、响应时间、集成度等有不同的需求，例如，功率集成电路通常采用介质隔离性能优良的 SOI 工艺制造，从而获得较高的击穿电压；数字集成电路则通常采用布图规则、集成度高的 CMOS 工艺，以适应 EDA 软件的自动化布局布线。一块现代 SoC 中往往集成了微处理器、DRAM、模拟电路、MEMS、RF 器件等，这些异质模块只有选择相应的工艺才能获得最优的性能，而 2.5D/3D 封装技术则非常便于系统的异质集成，此外，异质功能模块的多芯片划分也利于噪声隔离。

（2）两种封装技术均有利于模块化、标准化设计，支持硅片级复用。2.5D/3D 集成方案可以在硅片级复用一个经过验证的组件，当接口协议标准化之后，将不同模块化的 IP 组合在一起就可以搭建一个完整的系统，大幅提高了系统灵活性，降低了研发、制造等一次性费用和开发上市时间。

（3）两种封装技术均提高了多芯片互连效率但 3D 技术互连性能更优。文献[18]对比了 2.5D/3D 封装技术与传统 2D 片间互连（如 PCB、SiP）方案的链路能效、I/O密度、最大线长和带宽等参数，见表 5.2。2.5D 相对于传统的 2D 片外互连方案，其能效提高 10 倍以上，带宽提高 25 倍以上。而 3D 封装技术提供了很多竖直方向的短互连，因而带宽更高，具有更高的性能和功耗效率。

表 5.2　3 种片间互连方式参数对比

参数对比	2D（PCB、SiP）	2.5D	3D
片间链路能效/[mW/(Gbit/s)]	8～20	0.8～2	0.08～0.2
片间 I/O 密度/mm^2	16～45	400～10000	400～1000000

续表

参数对比	2D（PCB、SiP）	2.5D	3D
最大线长/mm	500	5～100	2～20
带宽密度/[(Tbit/s)/mm²] @5GHz & 50% Signal	0.08～0.225	2～50	2～5000

（4）3D 技术主要面临散热的问题。3D 封装技术的短互连需要 TSV 穿过下层裸片的有源层，给电路的设计和制造都带来了挑战，而且竖直方向的堆叠恶化了系统的散热性能，因而该技术在推广到高性能处理器时面临困难。而 2.5D 封装由于采用了无源的硅中介层横向拓展，散热性能良好，设计和制造的难度相对较低。

（5）2.5D 和 3D 封装技术可相互融合。2.5D 和 3D 封装技术虽有差异，但并不完全对立，甚至可把二者结合在一起。例如，可以在一个硅中介层上用 3D 存储器立方和处理器制造一个高带宽的处理器、存储器混合结构。

5.4　2.5D 处理器设计举例

本节将介绍一个 2.5D 多核处理器的架构设计和芯片实现[19,20]。

图 5.13 是系统总体结构图，其中包括多核处理器芯片、存储芯片（标为“M”），和加速器芯片（标为“E”）。芯片之间的 2.5D TSI 通道表示片间互连通道。多核芯片、存储芯片和加速器芯片的数量可以根据应用程序的要求进行配置。当针对不同的应用程序时，我们只需要选择处理器芯片的数量、存储芯片的大小和数量以及加速器芯片的类型和数量，从而为未来的超大规模集成电路系统提供一个灵活而高效的平台。

多核处理器芯片基于 MIPS 指令集处理器优化而得，通过异步 FIFO 与外界的数据交互。为了改善数据局部性，多核处理器芯片进一步划分为簇，每个簇包含多个核。处理器核可通过簇中的共享存储器进行通信，也可通过包控制电路交换双层片上网络进行簇之间的消息传递，具有高吞吐量和高能量效率。每个处理器核都有一个私有指令存储器和一个共享的数据存储器。为了满足数据密集型应用的存储需求，该系统具有垂直扩展的 SRAM 存储芯片（标记“M”），可以由同一簇中的处理器共享，也可以通过全局 DMA 访问。为了加速目标应用如人工智能和多媒体应用，该系统具有加速器芯片（标记“E”）。

处理器核-存储之间以及处理器核-加速器之间使用相同的接口电路。在处理器核-存储器接口中增加了额外的复用逻辑，使系统能够支持核心扩展，增加处理器核心的数量，从而获得更多的计算能力。

该系统的主要模块包括高带宽、低延迟的可重构片间互连及核间通信，以及一个适合于 3D 系统的新型存储层次。

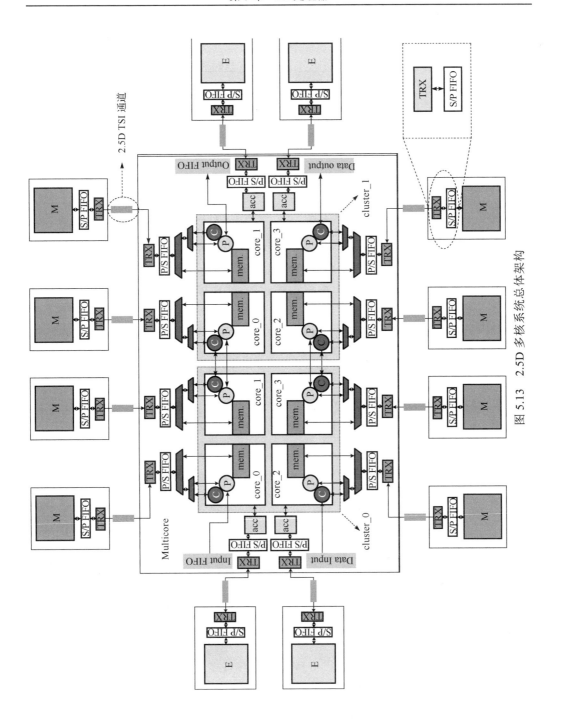

图 5.13　2.5D 多核系统总体架构

5.4.1 2.5D 系统片间互连及核间通信

3D/2.5D 封装可以高效地集成多个芯片，使系统具有高度的灵活性、可扩展性和可重构性，而在 3D/2.5D 封装芯片之间的互连需要高速、高带宽、高能效，它主要的制约条件是有限的片间 I/O 资源。图 5.14 是片间互连电路框架。

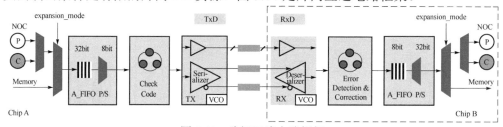

图 5.14　片间互连电路框架

片间互连电路包括数字系统和高速模拟 I/O。其中数字系统由 3 个模块组成：①扩展模式选择电路，用于在多核-多核模式（添加多核处理器芯片）以及多核-存储器模式（添加存储器芯片）之间进行选择。②发送端跨时钟域并转串电路及接收端串转并电路，用于将芯片内的并行数据转化成片间的串行数据。③错误检测和校正电路，以解决可能的数据错位的错误。

1. 扩展模式选择电路

系统可以配置为多核-存储模式或多核-多核模式，如图 5.15 所示。在多核-多核模式中，两个或多个多核芯片连接，以增加系统处理核心的数量。

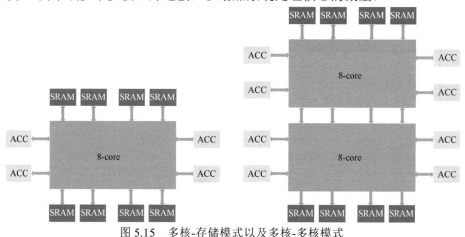

图 5.15　多核-存储模式以及多核-多核模式

2. 跨时钟域串转并及并转串电路

如图 5.14 所示，数据发送端芯片需要并转串电路，而数据接收端芯片需要串转并电路。图 5.16 是其时序示意图。

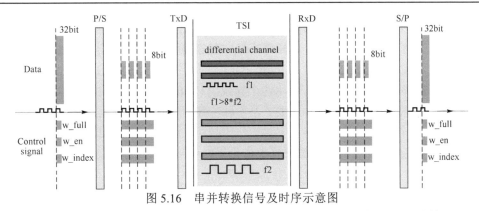

图 5.16　串并转换信号及时序示意图

对于数据发送端的芯片，跨时钟域并转串电路把 32bit 数据转化成 4 路数据进行片间数据传递，每路对应 8bit 数据。片间数据传递通过一对差分信道传输，其频率是片内信号的 8 倍以上。除了数据外，还有三个控制信号通过独立的信道传输，包括 FIFO 写控制信号 w_en、FIFO 满信号 w_full、写状态信号 w_index。对于接收端芯片，信号是在相反的过程中进行处理的：RxD 接收数据和控制信号，FIFO 满信号 w_full 会提醒发送端，如果 FIFO 已满则停止传输数据。然后，异步 FIFO 中的数据通过串并转换来得到 32bit 数据位宽。

3. 错误检测及纠正电路

发送端芯片接口采用非源同步的 SerDes，采样时钟由接收端 CDR 电路产生，所以与数据并行的时钟不需要发送，减少了发送信号的数量并增加了带宽。然而，接收端芯片不能准确地识别数据位置，容易导致输出数据错位，如图 5.17 所示。需要电路来检测和纠正位错并保持它的可编程性和灵活性。

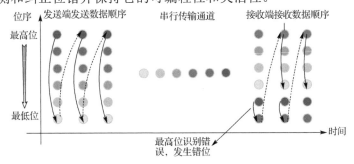

图 5.17　数据传输过程中的错位

4. 高速发送接收电路

高速发送接收电路与 2.5D TSI 物理通道直接相连，按位置分为发送（TxD）和接收（RxD）两个部分，本质是一个串行器／解串器（SerDes）。高速 SerDes 电路如图 5.18所示，串行器由 D 触发器和二选一数据选择器组成，TX VCO 的工作频率是 TX data

的 4 倍，又采用一个电流型逻辑缓冲器(current-mode logic buffer，CML)驱动 2.5D TSI 传输线。解串器中，设计了采样器来接收输入的差分信号，再转换成数字信号。采用基于延迟锁相环(delay-locked loop，DLL)的时钟数据恢复(clock data recovery，CDR)电路调节采样时钟的偏斜，使用两个异或门(XOR)构成的相位检测器来判断采样时钟相对于输入数据的位置，并产生"早"脉冲和"晚"脉冲。此外，还应用了电荷泵(charge-pump)将这些脉冲转换成多种电平来控制 DLL 延迟线，DLL 延迟线则用来调节时钟的延迟相位，并且反馈给采样器作为采样信号。该模块可工作在 8Gbit/s 速率。

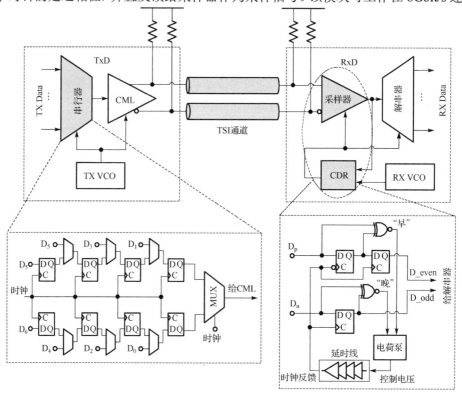

图 5.18　高速 SerDes 电路

5.4.2　2.5D 处理器的存储系统

如 2.2 节所述，处理器的存储结构以多层次的形式构成，包括寄存器堆、若干层缓存、内存、硬盘等，容量逐步扩大，但速度逐步降低。其中处理器芯片内部包括寄存器堆和缓存，处理器芯片外部包括内存、硬盘等存储。

在 2.5D 多核处理器系统中，处理器访问片外存储的带宽和速度得以提升，合理的层次化存储的形式也可进行一定的改变。如图 5.19 所示，该 2.5D 多核存储系统分为四个逻辑层次：①寄存器堆；②簇内片上存储器；③簇内片外存储器；④簇间存储器。寄存器堆是容量最小(通常是 32 个字)、速度最快的存储。对于 RISC 处理器，通常的运算指令只从寄存器堆中读取和写入数据，通过 load 和 store 指令进行存储器的读写。簇内片上存储呈分布式置于各处理器核中。由于簇内片上存储器存取速度快，处理器优先将数据放到簇内片上存储器中，通过 load 和 store 指令进行访问。除了片上存储外，每个核的簇内存储还可扩展到片外。当应用程序需要大量数据时，可将数据放在簇内片外存储器中，通过 load 和 store 指令或者通过直接存储访问（direct memory access，DMA）硬件引擎来访问数据。由于采用了 2.5D 到封装及高速 I/O 接口，片外存储的访问延迟可大幅下降。对于其他簇的数据，可以通过配置 DMA 并利用消息传递机制及片上网络进行数据交换。

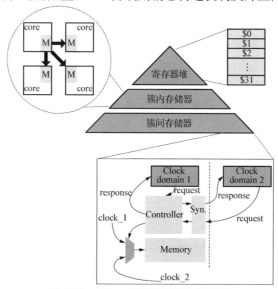

图 5.19　2.5D 系统存储架构示意图

片间通信包括并转串电路、串转并电路、数据采样电路以及跨时钟域的高延迟传输（～10 时钟周期）。在连续访问存储器时，可利用 DMA 实现片上与片外存储器之间的数据传输。这样，数据只需提供一个起始地址进行后台数据传输，大幅提升数据传输效率。我们设计了丰富灵活的 DMA 机制来支持不同场景下的后台数据传输，以隐藏片外访问延迟，显著提高了系统性能。系统支持任何两个存储器之间的DMA 传输，具体包括：同一处理器的片上存储器及其片外存储器之间的通信；不同处理器核间的数据传输；片上存储与加速器间的数据传输。

5.4.3　2.5D 多核处理器的芯片实现与系统集成

该 2.5D 多核芯片采用 Global Foundry 的 65nm LPE 工艺进行流片，采用了层次化设计流程和数模混合设计方法，并大量地采用了参数化设计和 Perl 语言自动生成脚本技巧。相对于 2D SoC 芯片设计，2.5D 芯片的设计约束条件较多，例如，最高两层的金属层要预留给予μbump 键合的金属块摆放和布线用，所以数字部分只有 7 层布线，增加了时序优化的难度。

1. 2.5D 多核芯片的层次化设计流程

图 5.20 是 2.5D 多核处理器物理设计与验证流程，标有★的是 2.5D 芯片设计特有的节点。在层次化设计流程中，首先根据项目需求和约束条件，采用自顶而下的设计方法制定电路设计方案。其次编写 RTL 代码，之后要编写完备的测试向量对代码的功能进行验证。功能验证通过后准备好 GF 65nm 库文件，调用 Synopsys 公司的 Design Compiler 进行逻辑综合，生成门级网表，导入给 IC Compiler，依次进行芯片布局规划、生成电源网络、摆放标准单元、时钟树综合、自动布线，最终导出布图后的网表进行动态仿真及静态时序分析(static timing analysis，STA)。然后，导入模拟发送接收版图，在顶层金属层 M9 绘制与 μbump 键合的金属块，手动将发送接收片间互连的端口和 I/O 单元的 PAD 端口连接到各自的顶层金属块，完成 2.5D 版图设计。为了确保芯片可以被正确制造，需要做设计进行规则检查(design rule check，DRC)和版图原理图对比(layout vs schematic，LVS)。最后，将 gds 数据提交给芯片代工厂 GF 进行生产制造。作为本 2.5D 设计流程的一个特点，需要搭建数模混仿平台，集成片间数字接口电路和定制的模拟发送接收电路进行联合仿真，以确保两边电路设计的正确性。

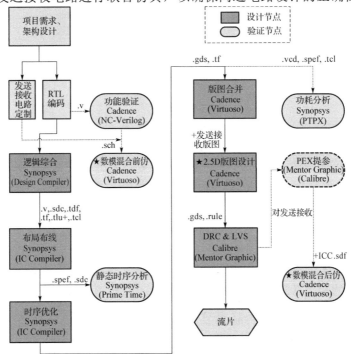

图 5.20　2.5D 多核处理器物理设计与验证流程

2. 2.5D 芯片物理设计结果

本书设计的 2.5D 多核处理器采用 GF 65nm LPE CMOS 工艺实现，标准单元为低阈值电压类型，包括多核、片外存储器、片外加速器 3 芯片系统。

图 5.21 说明了 2.5D 芯片的版图设计特点。对于 2.5D 芯片来说，需要接引出去的连线有两类：片间互连线和 I/O PAD 线，片间互连线从模拟 SerDes 端口引出，手动连接到顶层 M9 的 μbump 键合金属块上；I/O PAD 连线(包括数字输入输出信号、VCO 调节电压、数字和模拟电路电源与地等)首先接到摆在芯片外环的 I/O 单元 pin 脚，然后从 PAD 输出端口拉到顶层 μbump 键合金属块。由于芯片间的互连线是埋在重分布层中的，与外界没有直接的电气连接，所以在片上是不需要 ESD 保护电路的，从而节约了芯片面积。

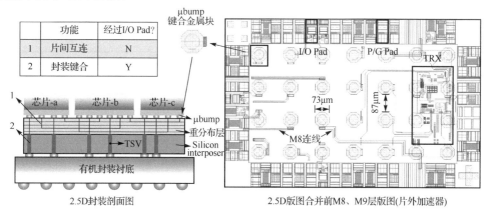

图 5.21　2.5D 芯片版图设计特点示意图

2.5D 多核处理器 3 芯片系统显微照片见图 5.22。多核处理器芯片的主要参数见表 5.3。其中，多核芯片面积为 $(3.29 \times 2.34)\,mm^2$，等效逻辑门为 127 万，IC Compiler 时序报告显示 1.2V 电压下工作频率为 500MHz，Prime Time PX 功耗分析结果显示单核的典型功耗为 25.5mW，能效为 51.0pJ/OP。片外存储器芯片面积为 $(1.30 \times 0.83)\,mm^2$，工作频率为 719MHz。片外加速器芯片面积为 $(1.30 \times 0.83)\,mm^2$，工作频率为 746MHz。整个 2.5D 系统典型功耗为 1.08W。

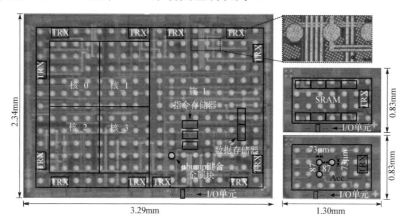

图 5.22　2.5D 多核处理器 3 芯片系统显微照片

表5.3　多核处理器芯片的主要参数

参数	值	参数	值
制造工艺	GF 65 nm LPE	μbump 数目	246
等效门数	127 万	引脚数目	126
工作频率	500MHz @ 1.2V	片间I/O 速率	8Gbit/s（max.）
典型功耗	1.08W	片间通信带宽	24GB/s
能量效率 （单核）	20GOPS/W （51pJ/OP）	拓展模式	核-核/ 核-存储器/ 核-加速器

5.5　本章小结

　　3D 处理器或 2.5D 处理器预计将是处理器领域的一个发展大趋势。与晶体管从 2D 转变为 3D 类似，芯片也将从 2D 转变为 3D，从而得到高性能、高灵活性、低成本等优点。目前，3D 技术已被广泛应用于 DRAM、Flash 等存储器，但是受限于功耗问题，在处理器领域尚未广泛应用。如果能够解决功耗的问题，则 3D 处理器也将会被大规模应用。2.5D 作为一个折中方案，已被应用在 FPGA 产品中，也有被应用在处理器的可能。

参 考 文 献

[1] Davis W R, Wilson J, Mick S, et al. Demystifying 3D ICs: The pros and cons of going vertical. IEEE Design & Test of Computers, 2005, 22（6）: 498-510.

[2] Kang U, Chung H J, Heo S, et al. 8 Gb 3-D DDR3 DRAM using through-silicon-via technology. IEEE Journal of Solid-State Circuits（JSSC）, 2010, 45（1）: 111-119.

[3] Macri J. AMD's next generation GPU and high bandwidth memory architecture: FURY. IEEE Hot Chips 27 Symposium（HCS）, 2015: 1-26.

[4] Park K T, Kim D, Hwang S, et al. A 45nm 4Gb 3-dimensional double-stacked multi-level NAND flash memory with shared bitline structure. Proceedings of IEEE International Solid-State Circuits Conference（ISSCC）, San Francisco, 2008: 9-10.

[5] Park K T, Nam S W, Kim D, et al. Three-dimensional 128Gb MLC vertical nand flash memory with 24-WL stacked layers and 50 MB/s high-speed programming. IEEE Journal of Solid-State Circuits（JSSC）, 2015, 50（1）: 204-213.

[6] Maejima H, Kanda K, Fujimura S, et al. A 512Gb 3b/cell flash memory on a 96-word-line-layer technology. Proceedings of IEEE International Solid-State Circuits Conference（ISSCC）, San

Francisco, 2018: 336-337.

[7] Loh G H, Xie Y, Black B. Processor design in 3D die-stacking technologies. IEEE Micro, 2007, 27(3): 31-48.

[8] Black B, Annavaram M, Brekelbaum N, et al. Die stacking (3D) microarchitecture. Proceedings of Annual IEEE/ACM International Symposium on Microarchitecture (MICRO), Orlando, 2006: 469-479.

[9] Jeon D I, Park K B, Chung K S. HMC-MAC: Processing-in memory architecture for multiply-accumulate operations with hybrid memory cube. IEEE Computer Architecture Letters, 2018, 17(1): 5-8.

[10] Ahn J, Yoo S, Mutlu O, et al. PIM-enabled instructions: A low-overhead, locality-aware processing-in-memory architecture. ACM/IEEE International Symposium on Computer Architecture (ISCA), Portland, 2015: 336-348.

[11] Feero B S, Pande P P. Networks-on-chip in a three-dimensional environment: A performance evaluation. IEEE Transactions on Computers, 2009, 58(1): 32-45.

[12] Deng Y, Maly W P. Interconnect characteristics of 2.5-D system integration scheme. ACM International Symposium on Physical Design, 2001: 171-175.

[13] Dickson T O, Liu Y, Rylov S V, et al. An 8x 10-Gb/s source-synchronous I/O system based on high-density silicon carrier interconnects. IEEE Journal of Solid-State Circuits, 2002, 47(4): 884-896.

[14] Lin M S, Tsai C C, Chang C H, et al. An extra low-power 1Tbit/s bandwidth PLL/DLL-less eDRAM PHY using 0.3V low-swing IO for 2.5D CoWoS application. Proceedings of IEEE Symposium on VLSI Circuits (VLSIC), Kyoto, 2013: C16-C17.

[15] Kim N, Wu D, Kim D, et al. Interposer design optimization for high frequency signal transmission in passive and active interposer using through silicon via (TSV). Proceedings of IEEE Electronic Components and Technology Conference (ECTC), Lake Buena Vista, 2011: 1160-1167.

[16] Sturcken N, O'Sullivan E J, Wang N, et al. A 2.5D integrated voltage regulator using coupled-magnetic-core inductors on silicon interposer delivering. Proceedings of IEEE International Solid-State Circuits Conference (ISSCC), San Francisco, 2012: 400-402.

[17] Huang P T, Chou L C, Huang T C, et al. 2.5D heterogeneously integrated bio-sensing microsystem for multi-channel neural-sensing applications. Proceedings of IEEE International Solid-State Circuits Conference (ISSCC), San Francisco, 2014: 320-321.

[18] Knickerbocker J U, Andry P S, Colgan E, et al. 2.5D and 3D technology challenges and test vehicle demonstrations. Proceedings of IEEE Electronic Components and Technology Conference (ECTC), San Diego, 2012: 1068-1076.

[19] Lin J, Zhu S K, Yu Z Y, et al. A scalable and reconfigurable 2.5D integrated multicore processor on silicon interposer. Proceedings of IEEE Custom Integrated Circuits Conference (CICC), San Jose, 2015: 1-4.

[20] Sai Manoj P D, Lin J, Zhu S K, et al. A scalable network-on-chip microprocessor with 2.5D integrated memory and accelerator. IEEE Transactions on Circuits and Systems I, 2017, 64(6): 1432-1443.

第6章　微处理器设计流程、设计验证及可测性设计

微处理器的设计流程与其他集成电路的设计基本一致，但是由于其复杂性，它也具有一定的特殊性。本章阐述处理器的设计流程，包括工艺选择、Verilog 程序设计、验证等问题。此外，集成电路的设计过程还需要考虑芯片的可测性设计。

6.1　微处理器设计流程概述

初期的集成电路包括处理器均采用全定制的设计方案，设计人员一个晶体管一个晶体管地设计整个芯片。全定制的设计方案在芯片规模不大(如几千或几万个晶体管)时可行，但随着芯片规模不断扩大，已基本丧失了可行性。目前绝大部分的大规模集成电路设计过程都利用了大量的自动化设计工具，基于标准单元库及 IP 核进行设计，图 6.1 是设计流程示意图。

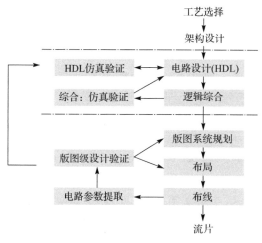

图 6.1　大规模集成电路设计及验证流程示意图

大规模集成电路,特别是像处理器这类复杂的集成电路首先需要进行工艺选择。目前主要的芯片制造企业包括 TSMC、SMIC、GlobalFoundry 等，具体采用哪个工艺节点取决于性能和功耗的需求。对于处理器设计，业界普遍采用的是 28nm 或以下工艺节点，Intel、AMD 等行业巨头已开始采用 10nm 及以下工艺节点。然后需要进行架构设计，包括流水线、存储、超标量、互连等众多内容。在完成架构设计之后，通常采用 HDL 进行电路设计。HDL 主要包括 Verilog 或 VHDL，通常包括系统

级、算法级、RTL 级(register transfer level)、门级(gate-level)等多种描述方式。RTL
级是描述数据在寄存器之间流动和如何处理这些数据的模型，可综合成门级网标，
是使用最多的一种方式。完成 HDL 编程后需要进行逻辑综合(synthesis)，将电路设
计转变成门级网表，从而得到逻辑门(与、或、非等)以及这些逻辑门之间的连接关系。

完成综合之后把设计的网表文件、物理尺寸文件(.lef)及时序文件输入版图设计
工具进行版图设计。版图设计的过程主要包括：①系统规划(floorplan)，这个过程
需要定义芯片尺寸、I/O 口位置、主要模块的位置、电源/地的布局。②布局
(placement)，这个过程把逻辑门放到芯片中，并由此得到大致的互连线的信息。
③时钟树生成。④布线。⑤产生 GDS 文件，交付给 foundry 进行芯片制造。图 6.2
是一个处理器从系统规划、布局、时钟树生成到布线的过程示意图。

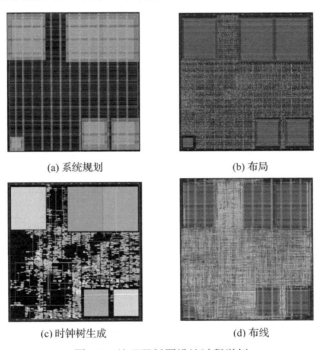

(a) 系统规划　　　　　　　　　　　　(b) 布局

(c) 时钟树生成　　　　　　　　　　　(d) 布线

图 6.2　处理器版图设计过程举例

任何集成电路的设计过程都伴随着复杂的验证过程，包括功能验证、时序验证、
设计规则验证等。

在 HDL 的设计过程中，需要进行 HDL 仿真验证。如图 6.3 所示，通常是通
过编写测试平台(testbench)及测试激励向量，然后利用 Modelsim 等仿真工具进
行功能仿真，查看仿真的输出结果是否符合要求。如果发现问题，则需要修改设
计代码。

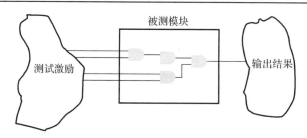

图 6.3　测试平台示意图

在完成逻辑综合后，产生了电路网表，并可提取综合后的电路时序信息，将时序信息加入电路网表，则可进行综合后的仿真验证。从综合后的电路时序报告及综合后仿真验证可以基本判定电路是否满足速度、建立时间、保持时间等时序要求，并根据需要重新修改电路设计或者修改综合方式。

在完成版图设计之后，还需要进行大量的设计验证。首先类似于综合，提取更为精确的时序信息，然后进行包含时序的电路功能仿真。从版图得到的时序信息比从逻辑综合得到的时序信息更精确。其中的关键在于版图中包含了互连信息，而逻辑综合只包含了逻辑门的信息，缺乏连线长度的信息。随着工艺尺度的不断缩小，互连所带来的延迟及功耗不断增加，使得从逻辑综合获得的时序跟版图时序相比有较大的差距。此外，版图完成后还需要进行 DRC、LVS、静态时序分析、形式验证（formal verification）等过程。DRC、LVS 普遍采用 Mentor 公司的 Calibre，静态时序分析及形式验证普遍采用 Synopsys 公司的 PrimeTime 和 formality。

6.1.1　工艺的选择及影响

处理器设计不仅包括架构及电路，其设计方案很大程度上也取决于器件和工艺。因此，尽量在一开始就选定工艺。

在处理器 40 余年的发展历程中，器件和工艺一直是其最主要的推动力之一。表 6.1 列举了 Intel 公司主要处理器的工艺、器件及指标。1971 年的第一个微处理器 4004 采用 10 μm PMOS 工艺，晶体管数量达 2300 个，时钟频率为 740kHz。而处理器芯片的制造工艺为 10 nm 时，普遍采用 3D FinFET 晶体管结构，集成几十亿个晶体管及若干处理器核，时钟频率达几吉赫兹。

表 6.1　Intel 公司主要处理器的工艺、器件及指标

处理器	工艺	器件	晶体管数量	时钟频率
4004	10μm	PMOS	2.3×10^3	740kHz
8080	6μm	NMOS	4.5×10^3	2MHz
8086	3μm	NMOS	29×10^3	5～10MHz

续表

处理器	工艺	器件	晶体管数量	时钟频率
80286	1.5μm	NMOS	$134×10^3$	6～16MHz
80386（DX）	1μm	CMOS	$275×10^3$	16～33MHz
80486（SL）	0.8μm	CMOS	$1.4×10^6$	20～33MHz
奔腾 P54	0.6μm	CMOS	$3.2×10^6$	75～100MHz
奔腾Ⅱ Klamath	0.35μm	CMOS	$7.5×10^6$	233～300MHz
奔腾Ⅲ Katmai	0.25μm	CMOS	$9.5×10^6$	450～600MHz
奔腾 4E	90nm	CMOS	$125×10^6$	2.8～3.8GHz
酷睿 2（双核）	65nm	CMOS	$291×10^6$	1.06～3.5GHz
酷睿 i7（四核）	45nm	CMOS	$781×10^6$	2.66～3.33GHz
奔腾 Ivy Bridge	22nm	3D	$2104×10^6$	2.5～3.3GHz
酷睿 i7 Broadwell	14nm	3D		3.3～3.8GHz

在处理器的发展过程中，工艺尺度一直按照摩尔定律每两年缩小 0.7 左右，芯片晶体管的数量基本按照每两年翻倍的速度发展。时钟频率也按照工艺尺度的缩小而不断提升，但是从 2005 年左右开始，由于功耗的制约限制了时钟频率的继续提升，以表 6.1 中的酷睿 2（双核）处理器为起点，主流处理器开始转变为多核。

器件的发展呈现出一定的跳跃式，从表 6.1 中也可看到若干关键的变化。初期的处理器普遍采用 PMOS 器件；从 8080 开始采用 NMOS 器件以提高芯片的集成度和速度；而到 80386 开始采用 CMOS 器件，以解决 NMOS 器件的静态功耗的问题；而到了 22 nm 工艺节点开始，静态漏电功耗再次成为了发展瓶颈，以表 6.1 中的奔腾 Ivy Bridge 处理器为起点，高性能处理器芯片开始采用 3D 晶体管。在这几十年的发展过程中，不断有人提出摩尔定律即将失效的预言，但科学家和工程师总是能克服困难，延续摩尔定律的发展。最近几年，工艺和器件的发展面临技术和成本的双重挑战，摩尔定律即将失效的讨论再次成为主流，但是仍有不少专家持乐观态度。

早期的处理器企业及其他集成电路企业一般同时进行芯片的设计及制造，称为集成器件制造（integrated device manufacture，IDM）模式。20 世纪 80 年代末开始，出现了以台积电（TSMC）为代表的专注于做集成电路制造的代工厂（foundry）。与 foundry 对应，20 世纪 90 年代开始出现众多专注于做集成电路设计的企业，称为 fabless，如高通、ARM、NVIDIA 等。随着建造 foundry 的成本日趋升高，越来越多的企业选择了 fabless 的模式。有些原先采用 IDM 模式的企业如 AMD、IBM 也逐步转向 fabless。表 6.2 是集成电路设计企业和制造企业的关系。

表 6.2　集成电路设计企业和制造企业的关系

集成电路设计企业类型	与集成电路制造企业的关系
Intel 等 IDM 企业	可为其芯片产品提供定制工艺和器件
高通、华为等巨型 fabless 设计企业	与代工厂密切合作，可为其芯片产品提供半定制工艺和器件
众多的其他 fabless 设计企业	选择和利用代工厂现有的工艺和器件

1. 同一代工厂同一工艺节点的高性能、低功耗工艺类型的区别

为了满足不同应用场景对芯片性能及功耗的不同需求，TSMC 等制造代工厂通常会在同一工艺节点提供不同的工艺类型。例如，TSMC 在从 0.13μm 工艺节点开始就提供了 GP (logic generic)、LP (logic low power) 两个工艺类型。GP 工艺以速度、性能优先；LP 工艺以低漏电功耗优先，通过提高 CMOS 晶体管的阈值电压来极大地减少电路的漏电功耗。表 6.3 是 TSMC 65nm GP 和 LP 工艺一个 NMOS 晶体管在若干工艺角和温度下的栅极漏电流[1]。可以看到，GP 工艺下的漏电流比 LP 工艺高 3 个数量级。

表 6.3　TSMC 65nm GP 和 LP 中一个 NMOS 晶体管栅极漏电流仿真结果[1]

工艺角及温度	GP 栅极漏电流/(nA/μm^2)	LP 栅极漏电流/(nA/μm^2)
ff (fast), 80	16.26667	0.0136
ss (slow), 0	14.53333	0.0122
tt (typical), 27	6.066667	0.0126

2. 不同代工厂同一工艺节点的区别

不同的代工厂在同一工艺节点也会体现一定的区别。

我们利用 SMIC 65nm LP 和 TSMC 65nm LP 对一款容量为 32×32bit、端口数为 4 读 2 写的寄存器堆芯片进行了流片，芯片照片见图 6.4。图中 RF 为寄存器堆电路，其他为测试电路，电路设计方案见 2.2.2 节。表 6.4 是两款芯片的时钟频率及功耗的比较，可以看到 SMIC 的性能及功耗指标比与 TSMC 相比略有差距但已接近。

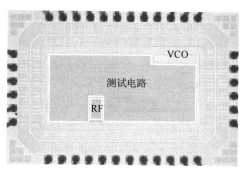

图 6.4　寄存器堆及测试电路芯片照片

表 6.4　采用 TSMC 65nm LP 和 SMIC 65nm LP 工艺实现的同一个寄存器堆

工艺版本	时钟频率 /GHz	功耗/mW	功耗 / 时钟频率
TSMC 65 nm LP	1.57	11.8	7.52
SMIC 65 nm LP	1.32	10.2	7.73

使用相同的约束脚本将 5.4 节介绍的 2.5D 多核处理器采用 Global Foundry 65nm LP 工艺和 TSMC 65nm GP 工艺进行了综合。表 6.5 显示了两种方案的功耗与频率。可以看出，对于同样的 Verilog 代码及综合方案，TSMC 65nm GP 工艺的静态功耗和频率归一化功耗要比 Global Foundry 65nm LP 工艺分别高 24.2 倍和 57.9%，但是 Global Foundry 65nm LP 的电路工作频率要比 TSMC 65nm GP 低 34.8%。

表 6.5　多核处理器在 TSMC 65nm GP 和 Global Foundry 65nm LP 两种工艺下逻辑综合的功耗对比

工艺库	动态功耗/mW		静态功耗/mW	关键路径/s	频率/MHz	归一化总功耗/(mW/MHz)
	内部功耗	开关功耗				
TSMC 65nm GP	326.7	12.1	15.1	0.86	1162.8	0.30
Global Foundry 65nm LP	136.4	10.2	0.6	1.32	757.6	0.19

当设计一款处理器时，需要根据性能、功耗、成本等的综合考虑来决定采用哪个代工厂、具体工艺节点以及 GP 和 LP 工艺等。

6.1.2　Verilog 语言

Verilog 是目前工业界采用比较多的高级硬件描述编程语言，有着类似 C 语言的风格。其中有许多语句如 if 语句、case 语句等和 C 语言十分相似。但是，Verilog 是硬件设计语言，其并行工作的特征跟软件串行运行的过程有本质区别。因此，Verilog 设计人员在编程时首先必须要有电路的概念，而不是对将要实现的电路一无所知，任由工具生成。

一个集成电路系统的完整 Verilog 模型会由众多 Verilog 模块构成，每一个模块又可以由若干个子模块构成。这些模块间相互关联，可以构造一个清晰的层次结构来描述极其复杂的大型设计。

图 6.5 是实现 32 位加法和减法的 Verilog 代码，主要可以看到如下信息。

(1) 所有的 Verilog 代码都以 module 开始，以 endmodule 结束。每行代码均以分号结束，但是 endmodule 后面不需要加分号。

(2) 在 module 声明中会定义该模块的名字和输入、输出信号。这里的模块名是 padd32，输入、输出信号包括 oprand1、oprand2、type、co、overflow、result。

(3) 定义输入、输出信号的类型及位宽。这里 oprand1 和 oprand2 是两个 32 位输入数据，type 是用于表示加法还是减法的输入信号，result 是 32 位输出数据，co 和 overflow 表示进位和溢出输出。

(4) 定义中间信号及其 wire、reg 等数据类型。本例中的中间信号 a、b、co_30 都是 wire 类型，如果这些信号在 always 或 initial 过程块中被赋值，则需要定义为 reg 类型。

(5) 功能描述。中间数据 a 和 b 是输入加法器中的数值，a 等于第一个操作数

oprand1，b 在加法时等于第二个操作数 oprand2，在减法时等于第二个操作数取反。这样，加法和减法操作可复用同一个加法器。

（6）//或者/*……*/表示注释部分。

```
//File Name : padd32.v

module padd32(
        oprand1,
        oprand2,
        type,
        co,
        overflow,
        result
        );
input[31:0] oprand1;
input[31:0] oprand2;
input type;              //add or sub
output co;               //carry output
output overflow;
output[31:0] result;

wire[31:0] a;
wire[31:0] b;
wire co_30;

assign a = oprand1;
assign b = type? ~oprand2 : oprand2; //assign b according add/sub operation

assign {co_30,result[30:0]} = a[30:0] + b[30:0] + type;
assign {co,result[31]} = a[31] + b[31] + co_30;
assign overflow = co ^ co_30;

endmodule
```

图 6.5　32 位加减法 Verilog 代码

initial 和 always 是两个常用的功能块，图 6.6 是它们的功能示意图。initial 功能块只执行一次，不可综合，因此一般只在测试模块中使用。always 功能块只要符合触发条件就可以循环执行，可综合，是 Verilog 使用最多的功能块。

always 功能块的起始处需要指明敏感变量，以此确定触发条件。图 6.7 是三个 Verilog always 过程块。图 6.7(a) 是与门的描述，并具有完整的敏感变量。图 6.7(b) 也是一个与门的描述，但是它的敏感变量中只列了 a，属于不完整的敏感变量。不同的综合工具对于这种不完整敏感变量的代码处理方式是不一样的，因此建议 Verilog 中不要采用此类代码。图 6.7(c) 描述了一个 D 触发器，敏感变量指明这个 D 触发器在时钟 (clk) 上升沿触发。

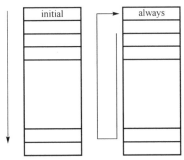

图 6.6　initial 和 always 模块示意图

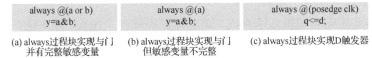

(a) always过程块实现与门　　(b) always过程块实现与门　　(c) always过程块实现D触发器
并有完整敏感变量　　　　　　但敏感变量不完整

图 6.7　三个 Verilog always 过程块及其敏感变量

Verilog 程序设计的另一个关键问题是需要注意其可综合性。除 testbench 之外的 Verilog 代码都需要综合才能生成网标并进行版图设计。不能综合的 Verilog 代码包括 initial、while、repeat、wait 等。此外，for 是比较特殊的语言，分为可综合的结构化用法和不可综合的非结构化用法。总体上，建议在写 Verilog 时只选择最常用的描述，如 always、assign、if else、case 等，不要用不常见的语法。

完整的 Verilog 可参考相关教程，如文献[2]。

6.2　微处理器设计验证

6.2.1　集成电路验证方法概述

绝大部分集成电路的验证工作量超过了设计工作量。为了提高验证的效率，产生了多种验证语言及验证方法。

1. 硬件验证语言

集成电路验证方案可以采用 Verilog、VHDL 等硬件描述语言来实现，也可以采用 C 等高级程序语言来完成，但是，工业界普遍采用硬件描述和验证语言（hardware description and verification language，HDVL）来进行验证方案的描述，最常用的 HDVL 是 System Verilog。

System Verilog 基于 Verilog 扩充而来，提供了更丰富的建模、设计、仿真及验证功能，目前已与 Verilog 语言合并成为 IEEE 1800 标准。Verilog 可视为 System Verilog 的一个子集。与 Verilog、VHDL 等硬件描述语言相比，System Verilog 的特征和区别如下。

（1）System Verilog 提供了更多的数据类型，可以在较高的抽象层次上编写测试平台。首先，Verilog 中定义了 reg 和 wire 两种数据类型，但是较难区分，System Verilog

增加了一个 logic 数据类型，任何使用网线的地方均可使用 logic 数据类型，但 logic 不能有多个驱动。其次，相比于 Verilog 语言中的四状态(0、1、不定态、高阻)，System Verilog 支持双状态数据类型(0,1)，以达到更好的性能、更低的内存消耗。此外，System Verilog 提供了很多数组类型，如定宽数组、动态数组、队列、关联数组，并提供了一系列数组的操作方法，如数组缩减方法、数组定位方法、数组的排序等。最后，System Verilog 还提供了类和结构、联合和合并结构、字符串以及枚举等数据类型。

(2)更高层次的结构，尤其是面向对象的编程，用户可以在更加抽象的层次建立测试平台和系统级模型，通过调用函数来执行一个动作而不是改变信号的电平，从而使得测试平台更加易于维护和复用。

(3)支持受约束的随机激励生成。随着设计规模越来越大，要产生一个完整的测试集越来越困难，受约束的随机测试法可自动产生有较强针对性的测试集，从而提高测试激励产生的效率。6.2.3 节介绍的面向流水线的自动程序生成可视为一个受约束随机激励生成的例子。

(4)支持多线程及线程间的通信，以提高验证速度。

(5)支持覆盖率分析，包括代码覆盖率和功能覆盖率，以评估验证的完成度。代码覆盖率相对简单，只是判定代码是否被执行到；而功能覆盖率需要判定各种功能是否被执行到。

(6)集成事件仿真器，便于对待测系统施加控制。

完整的 System Verilog 的说明请参考相关书籍，如文献[3]。

2. 集成电路验证方法

除了采用适合于验证的语言，集成电路设计验证还产生了多种方法学，主要包括 Synopsys 公司推出的 Verification Methodology Manual (VMM)和 Accellera 标准组织推出的 Universal Verification Methodology (UVM)。这两种验证方法主要采用 SystemVerilog 语言。

VMM 由 Synopsys 公司于 2006 年推出，而后在 2010 年推出 VMM1.2。VMM 提供了一系列标准库，从而可以大幅节省验证平台的搭建时间，例如，VMM_LOG 类可用于实现消息服务的接口，VMM_DATA 类可用于实现各种事务描述符和数据模型，VMM_Channel 类用于实现事务层的接口，VMM_Broadcast 类可用于描述一对多的数据传输等。VMM 还提供了检查器的库，通过定义 Assert_ON 来启动断言 (assert)的功能，通过定义符号 COVER_ON 来启动覆盖率检测语句。详细的 VMM 说明可参考相关书籍，如文献[4]。

UVM 由 Accellera 于 2010 年结合了 Cadence 和 Mentor 公司的验证方法学而推出，已成为业界使用较为广泛的验证方法学。

但 VMM 和 UVM 并不完全独立，而是相互借鉴、相互融合，例如，两者均采用了 TLM 通信机制；UVM 引入了 VMM 的 callbacks 的一些概念；此外，Synopsys 公司的 VCS 同时支持 VMM 和 UVM。

6.2.2　微处理器设计验证概述

微处理器由于其复杂的设计以及可编程的特征，拥有无穷无尽的可能性，其验证的过程比其他集成电路更具挑战性。著名的 Intel 奔腾处理器浮点运算的错误迫使 Intel 召回了相关处理器芯片，其损失达数亿美元。

与其他集成电路编写测试平台类似，微处理器验证最常用的方法是设计测试程序并运行，观察结果是否正确。因此，处理器设计验证的关键在于如何产生高效的测试程序。

测试程序可包括：①手工编写的测试程序。手工编写测试程序效率较低，数量不宜过多，只能针对一些基本功能或特别重要的功能进行测试。②基准应用（Benchmark）及完整应用。基准应用包括针对桌面处理器的 SPEC、针对嵌入式处理器的 EEMBC 以及针对超级计算机的 LINPACK 等，完整的应用包括多媒体、通信等。③有针对性（如流水线冲突）地自动生成测试程序，该方案可较大地提高测试效率。图 6.8 是一种处理器仿真验证环境的示意图。处理器的设计分成 HDL RTL 的硬件设计，以及采用 C（或其他高级语言）的参考模型设计。然后将生成的测试程序（可通过多种方案产生）同时加入 RTL 设计及参考模型，比较两者的结果。如果结果不一致则说明产生错误。此外，还需要对验证进行覆盖率的分析。

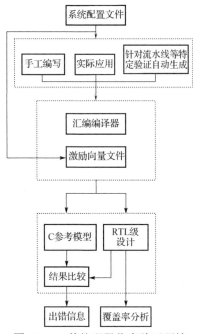

图 6.8　一种处理器仿真验证环境

6.2.3　有针对性的测试程序自动生成技术

本节以流水线冲突为例说明有针对性的测试程序的自动生成技术。当前的处理器普遍采用了深度流水线技术来提高处理器的性能，但流水线技术产生了各种流水线冲突，大幅提高了功能验证的难度。有必要利用对流水冲突机制的了解，建立相应的流水线模型，产生具有针对流水冲突的测试程序。

针对流水线冲突进行测试程序自动生成的基本过程如图 6.9 所示，包括：①明确流水线冲突的产生机制，将指令按特定的原则进行分类；②列举所有可能的流水冲突的类型（包括结构冲突、数据冲突、控制冲突等），产生测试向量集（testcase）；③针对各测试向量集，自动产生相应的测试程序。

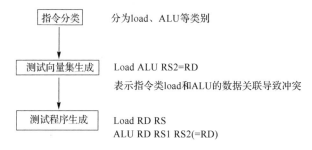

图 6.9　测试程序自动生成的基本流程和流程举例

将指令进行分类的目的在于减少测试向量集的数量，提高验证效率。指令分类的原则包括：①占用相同的资源；②有相同的语法。第一条原则确保相同的指令类型对流水线冲突有相同的影响，所以可以用指令类型代替实际的指令进行流水冲突的分析，用相对较少的测试向量集来完全覆盖所有可能产生的流水冲突。第二条原则确保从测试向量集到测试程序的顺利转换。例如，根据第一条占用资源的原则，占用了内存资源的指令（load/store 指令）与占用寄存器和运算单元资源的指令（如乘法指令 MUL）应该分开。进一步，乘法指令包括普通乘法指令和乘加指令，它们具有不同的操作数，根据第二条语法相同的规则，需要再细化为乘法与乘加两个指令类。依据这两个原则，就能产生用指令类表示的、数量较少但覆盖所有冲突情况的测试向量集，并顺利地从测试向量集自动生成测试程序。表 6.6 是针对 ARM 7 处理器的部分指令的分类，该处理器采用冯·诺依曼架构，5 级流水（IF、ID、EXE、Mem、WB）。

表 6.6　ARM 7 处理器部分指令分类

指令类	所占用资源	所包含的指令
跳转指令类（branch）	改变 PC	B、BL
跳转并交换指令类（BX）		BX

续表

指令类	所占用资源	所包含的指令
单操作数运算类（SODP）		MOV、MVN
算术和逻辑运算类（ALU）	占寄存器堆	ADD、AND、EOR、SUB
普通乘法指令类（MUL）		MUL
乘加指令类（MLA）		MLA
数据读指令(load)		load
数据写指令(store)	占内存	store
块数据传送指令类（LDSTM）		LDM、STM
协同数据传送指令类（CDT）	占协处理器	LDC、STC
协同数据处理指令类（CRT）		CDP

测试向量集可以表示为 $H=(s_1,q_1,s_2,q_2,\text{explain})$。其含义是当指令类 q_1 在流水阶段 s_1，指令类 q_2 在流水阶段 $s_2(s_2<s_1)$，并满足条件 explain 时，就会产生流水冲突，其中 explain 是在数据冲突时说明哪个源操作数与前目标操作数相同。流水冲突发生的情况包括结构冲突（s_1、s_2 同时占用内存）、控制冲突（s_1 改变了 PC 而 s_2 要读程序）、数据冲突（s_1 的目标是 s_2 的源操作数）。由每个指令类所占用的资源和流水冲突的定义，可以用较少的测试向量集描述所有可能的流水冲突情况。表 6.7 是若干测试向量集示意图。

表 6.7　部分测试向量集示意图

冲突种类	s_1	q_1	s_2	q_2	explain
控制冲突	Mem	branch	IF		None
控制冲突	Mem	bx	IF		None
数据冲突	Mem	ALU	ID	ALU	$RS_1 = RD$
数据冲突	WB	ALU	ID	ALU	$RS_2 = RD$
数据冲突	EXE	ALU	ID	ALU	$RS_1 = RD$
结构冲突	Mem	Load	EXE	ALU	None

从测试向量集出发，可以产生具体的测试程序。一般的指令均定义了指令名和操作数。指令名表示加、减、乘、除等操作，每个指令类都包含几个具体指令名。操作数包括存储寻址方式、寄存器堆等，每个指令类都具有相同的操作数格式。所以从测试向量集中的指令类就能得到相应的指令和操作数，但是指令和操作数的组合会很多，需要进行随机的或有效的选取。从测试向量集生成测试程序需要几个列表：①指令类列表（类似表 6.6），含各指令类的指令；②指令类语法列表，含各指令类的操作数，当涉及寄存器时用 RD、RS 等代替；③寄存器列表。在生成测试程序时，首先根据指令类 q_1 选取指令及操作数，并随机地用实际的寄存器替换其中的 RD、RS_1、RS_2，从而得到第一条指令；其次根据两条指令阶段的间隔插入空操作；然后根据 q_2 及 explain 生成第二条指令。图 6.10 是一个从测试向量集生成测试程序

的示意图。从 ALU 指令类得到第一条指令 ADDEQ 及其操作数（R_5 表示目标操作数，R_3 和 R_2 表示源操作数），从 Mem 和 ID 两个流水级得到两条指令之间需要一个 nop。从指令类 SODP 得到第二条指令 MOVAL，并且根据 explain RS_1 得到第二条指令的原操作数需要跟第一条指令的目标操作数一致。

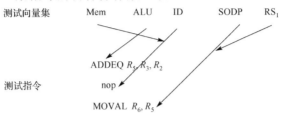

图 6.10　从测试向量集生成测试程序的示意图

基于测试向量集自动生成测试程序的方法在相同时间内明显比手工编写有更好的覆盖率特性。但手工编写的优点是每个测试有明确的测试目的，它的覆盖率曲线是线性上升的，而自动生成的测试会出现重复测试相同问题的情况，它的覆盖率越高曲线上升速度就越慢。

6.3　微处理器可测性设计

6.3.1　可测性设计简介

当芯片制造结束以后，需要通过测试来检验芯片的制造和设计是否符合功能和性能的需求。芯片及处理器的测试方法主要有 Ad-hoc 测试法、内嵌自测法（built-in-self-test）、基于扫描链（scan-based）的测试法以及边界扫描法（boundary-scan）。表 6.8 比较了它们的特点和适用场景。

表 6.8　各种测试方法的特点和适用场景

测试方法	特点	适用场景
Ad-hoc	简单而直接，但需要较多的 I/O 引脚并且无法自动化	少量特别重要的测试点
内嵌自测试法	自动化，但是测试向量针对性不强	存储器等
基于扫描链	只增加两个测试 PAD，具有规整的结构；但是测试速度较慢	普通电路
边界扫描法	标准化、可扩展性好，但是速度较慢	适用范围较大

Ad-hoc 测试法把所要观测的点直接拉到输出引脚，或者将想要激励的关键点直接连接到输入引脚。Ad-hoc 测试法的优点在于简单有效，对于少量特别关心的测试点比较适用。但它需要增加很多输入输出引脚，而且要求设计人员对电路有深入了解，无法自动完成。

内嵌自测试法自动产生测试向量，大部分还可自动判断结果的正确性。但测试向量的自动产生一般只能用穷举法或随机法，针对性不够，在测试复杂逻辑时很难有效，比较适用的电路是存储器等一些非常规整的电路。

基于扫描链(scan-based)的测试法把需要测试的寄存器串联起来，两端分别为串联输入和串联输出引脚。测试时对串联输入引脚赋值，再通过串联输出引脚把结果送出来。它避免了过多的使用测试引脚，且电路非常规整，适合于工具自动完成，但它每加一个信号或读取一个信号均要移动很多数据，测试速度较慢。

边界扫描法(boundary-scan)与基于扫描链的测试法类似，是芯片引脚的扫描测试，IEEE 定义了边界扫描的国际标准 JTAG[5]。它定义了输入、输出及控制引脚，附加了一个控制状态机，一个指令寄存器。JTAG 的控制电路比普通扫描测试方法复杂，但它保证了电路的兼容性，也有较大的扩展余地。

6.3.2 基于 JTAG 的可测性设计

现在许多集成电路都集成了 JTAG 模块，并且标准本身有很好的扩展性，可通过扩展 JTAG，在不附加过多电路的前提下，把各个方法融合起来，建立可测性电路设计。

1. JTAG 标准及其基本电路

JTAG 起源于 1985 年的欧洲联合测试工作组(Joint European Test Action Group, JETAG)。1985 年北美加入了该工作组，其改名为联合测试工作组(Joint Test Action Group, JTAG)。1990 年它正式成为 IEEE 标准 1149.1，并不断更新[5]。除了芯片测试功能之外，JTAG 接口还常用于对芯片进行编程。

图 6.11 是 JTAG 电路基本框架。其 I/O 引脚包括 TDI(数据输入)、TCK(时钟输入)、TMS(状态控制)、TRST-N(复位信号、低电平有效)和 TDO(数据输出)。内部模块主要包括状态机(TAP)、指令寄存器(IR)和数据寄存器。

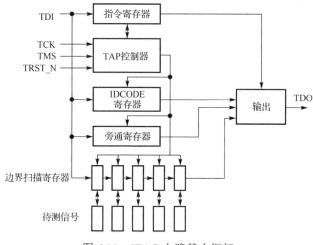

图 6.11 JTAG 电路基本框架

　　JTAG 通过输入 TMS 序列控制内部的状态机(TAP)，如图 6.12 所示，共 16 个状态。分别有 7 个状态用于控制数据寄存器和指令寄存器。控制数据寄存器的状态包括选择数据链(Select-DR-Scan)、数据获取(Capture-DR)、数据移位(Shift-DR)、退出(Exit1-DR, Exit2-DR)、暂停(Pause-DR)以及数据更新(Update-DR)。指令寄存器的控制与数据寄存器的控制类似。

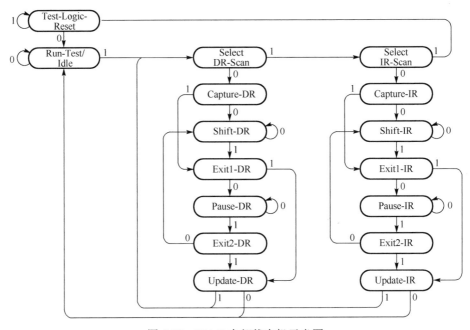

图 6.12　JTAG 内部状态机示意图

　　数据寄存器包括多个类别，其中必须包括的有：①边界扫描寄存器，它由许多串行移动寄存器组成，头尾连 TDI 和 TDO，通过这些移位寄存器可完成对所需测试信号的读写；②旁路(Bypass)寄存器，它只有一个寄存器，直接连通 TDI 和 TDO，本质上就不执行扫描测试；③IDCODE 寄存器，用于识别该芯片。数据寄存器的选取和动作由状态与指令决定。

　　在指令移位状态通过 TDI 可以对指令寄存器赋值。在标准中规定了旁路指令、数据采集装载指令(SAMPLE/RELOAD)、外部测试(Extest)等指令,还建议了标识符(IDCODE)、高阻(HighZ)等，并且给予了设计者扩展的余地。在旁路指令中，数据寄存器选择旁路寄存器。JTAG 主要通过对引脚进行赋值和读取从而进行边界测试的功能。

2. 基于 JTAG 的扩展电路设计

　　JTAG 标准使各系统具有良好的兼容性，同时有一定的可扩展性。在该标准中，可以扩展的主要是指令寄存器，因为寄存器位数是可以自己定义的，所以，可以把各种可测性设计集中起来，方便对各个 IP 核进行不同方式的测试。如表 6.9 所示，可在指令定义中加入自定义的 Ad-hoc、扫描链及内嵌自测等可测性设计。

表 6.9 扩展指令码举例

二进制码	1111	0000	0001	0010	1000	0011	1001	1010
指令	Bypass	Extest	Sampre	IDCODE	HighZ	Ad-hoc	Scan-based	BIST

除增加指令外，需针对这 3 个测试方法增加相应的数据寄存器以控制相应的功能。扩展化 JTAG 测试电路框架如图 6.13 所示。

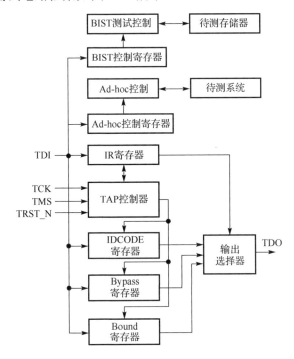

图 6.13 扩展化 JTAG 测试电路框架

Ad-hoc 控制寄存器在指令为 Ad-hoc 时被选中，它用来确定所要控制的测试点。测试点越多，此寄存器越长（N 位寄存器可以区分 2^N 个点）。Ad-hoc 控制电路主要由选择器构成，在测试时从 I/O PAD 直接对测试点赋值，并从 I/O PAD 直接输出需要观测的数据。

内建自测有多种。当指令为内建自测时，选中 BIST 控制寄存器，它用来确定 BIST 的操作，如正常工作、测试向量生成、分析、清零等。实际的 BIST 电路由状态机和分析电路构成。

当指令为扫描链测试时，选中扫描寄存器，用来确定扫描链的操作，主要有正常工作、赋值、读取、清零等。扫描链把所要测试的寄存器串联起来，两端连输入PAD TDI 和输出 PAD TDO。

可以利用这一测试电路来得到一个完整的 SoC 测试流程方案。

首先，用 Ad-hoc 测试法来测试一些最关心的点。测试过程如下：①通过 TMS使 JTAG 进入指令移位状态；②通过 TDI 把指令移到指令寄存器；③通过 TMS 使JTAG 进入数据移位状态；④通过 TDI 写数据至相关寄存器；⑤从控制点相应的 PAD赋值，运行后就能在相应的输出 PAD 端得到运行结果。

其他测试方案与 Ad-hoc 基本一致。系统大部分功能可基于扫描链的测试法。对RAM 等存储器电路可用内嵌自测法。对引脚及板级测试可用边界扫描法。

6.4　本 章 小 结

一个成功的处理器产品离不开良好的设计流程、设计验证及可测性设计。这些内容已经较为成熟，经常可以决定一款处理器产品的成败。另外，值得一提的是，工艺的选择需要从成本、性能、功耗等各个方面仔细考量。

参 考 文 献

[1]　李立, 程旭, 曾晓洋. TSMC 65nm GP 与 LP 工艺比较. 中国科技论文在线, 2014-12-31.

[2]　夏闻宇. Verilog HDL 基础语法入门. 北京: 北京航空航天大学出版社.

[3]　Spear C. System Verilog 验证. 张春, 麦宋平, 赵益新, 译. 北京: 科学出版社, 2009.

[4]　Bergeron J, Cerny E, Hunter A, et al. Verification Methodology Manual for System Verilog. Berlin: Spring, 2015.

[5]　IEEE Computer Society Test Technology Committee. IEEE 1149.1-1990 - IEEE Standard Test Access Port and Boundary-Scan Architecture, 1990.

第 7 章　国内外典型处理器介绍

不同的处理器企业提供种类繁多的微处理器，同一企业也有不同型号的微处理器产品以满足多种需求，并随着时间的推移不断演进。本章介绍国内外典型的处理器，国际上的处理器包括 Intel x86、AMD、ARM、IBM PowerPC 等，国内的包括申威、中天微 CK 等。

7.1　Intel 处理器

7.1.1　Intel 处理器的演进

Intel 公司的 CPU 几乎是微处理器甚至整个信息产业的代名词。Intel 于 1971 年发布全球第一个基于集成电路的微处理器 4004（图 7.1）。4004 处理器采用 10μm 工艺制造而成，集成 2312 个晶体管，面积为 $11mm^2$，时钟频率为 400kHz，4 位数据位宽。自此以后，Intel 始终是微处理器产业的代表。目前的桌面计算机、笔记本电脑、服务器基本被 Intel 的 x86 指令集处理器所垄断。

图 7.1　Intel 4004 芯片照片

Intel 历史上主要的处理器产品包括：1978 年的 8086，是首个 x86 处理器，并被 IBM PC 所采用；1985 年的首个 32 位 x86 处理器 80386；2004 年的首个 64 位 x86 处理器奔腾 4F；2006 年的首个多核处理器酷睿 2 等。

1. Intel 8086 处理器

虽然 Intel 在 1971 年发布了第一款微处理器 4004，但是真正奠定 Intel 在处理器领域基业的是其 1978 年发布的 8086 处理器。8086 是首个 x86 处理器，集成约 30000 个晶体管，时钟频率为 4.77~10MHz，数据位宽为 16 位，可寻址空间为 1MB。8086 处理器被 IBM 采纳作为 IBM 计算机的处理器。随着 IBM 计算机成为行业的事实标准，Intel 的 x86 处理器也成为计算机领域的标杆并延续至今。

图 7.2 是 8086 处理器的架构示意图。执行单元（execution unit，EU）进行 16 位算术逻辑运算，其输出作为指令操作结果或者存储偏移地址。执行单元中包含 4 个通用寄存器、4 个专用寄存器（SP、BP、DI、SI）及 1 个标志寄存器。总线接口单元负责与存储和 I/O 进行数据和地址的通信。由于 8086 的可寻址空间是 1MB，需要 20 位的地址，而执行单元中的计算结果是 16 位数据，所以在总线接口单元中还包含了 4 个段地址寄存器用以存放段地址。存储器的物理地址的获取方式为

$$物理地址=段地址×16（即左移 4 位）+偏移地址 \tag{7.1}$$

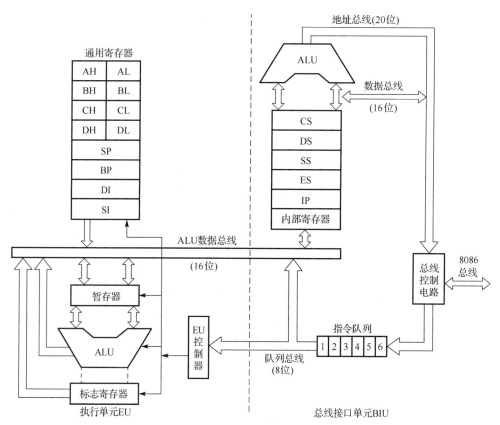

图 7.2　8086 处理器架构

2. Intel 80386 处理器

Intel 在 1985 年发布了 80386 处理器，该处理器与 8086、80286 等处理器完全兼容，同时进行了一系列的改进，从而进一步巩固了 Intel 在处理器领域的地位。自此以后，Intel 基本放弃了存储器业务，而以 CPU 作为主营业务。80386 是首个 32 位微处理器，其数据总线和地址总线都是 32 位。80386 增加了新的指令、新的寻址模式及数据类型。80386 处理器内部集成了存储管理单元(memory management unit，MMU)，扩展了分段模式，设计了两层分页模式，支持虚拟存储技术，并引入了进程(process)的概念，可寻址空间为 4GB，并可高效地支持多任务、任务切换的需求。80386 通过协处理器 80387 支持浮点运算等高速数据处理，还设计一个高速缓存芯片用于提高内存的读写速度。图 7.3 是 80386 的架构图[1]。

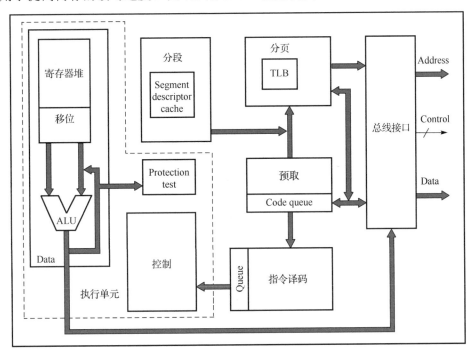

图 7.3　80386 处理器架构示意图[1]

80386 支持三种运行模式：实地址模式、保护模式和虚拟 8086 模式。实地址模式采用类似于 8086 的体系结构。保护模式是指在执行多任务操作时，对不同任务使用的虚拟存储器空间进行完全的隔离，保护每个任务顺利执行。虚拟 8086 模式同时模拟多个 8086 来提供多任务能力。

图 7.4 是 80386 的芯片照片。该处理器采用 1.5μm CMOS 2 层金属线工艺制造，集成了 27.5 万个晶体管，132 个 I/O 引脚，采用 8 级流水，时钟频率为 16MHz。从

照片中可以看到，80386 的主要模块包括总线接口模块(bus interface unit)、指令预取模块(code prefetch unit)、指令译码模块(instruction decode unit)、分段模块(segmentation unit)、分页模块(paging unit)、保护检测模块(protection test unit)、控制模块(control unit)以及数据模块(data unit)。CPU 的运算主要在数据模块、控制模块及相关的保护检测模块中完成，具体包含寄存器堆、ALU、桶形移位器、乘除法引擎及控制逻辑。片上存储管理单元主要在分段模块、分页模块及相关的保护检测模块中完成。

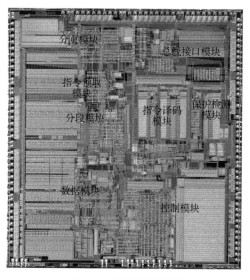

图 7.4　80386 芯片照片

3. 奔腾处理器及奔腾 MMX

Intel 在 1993 年推出了奔腾处理器(也称 586)，该处理器采用 0.8μm CMOS 3 层金属工艺制造，集成 310 万个晶体管，时钟频率为 66MHz，每秒可执行 100 多万条指令。奔腾处理器的特征包括：①首次采用了超标量(superscalar)结构，可同时执行两条指令，提高了运算并行度。②集成了高性能浮点运算单元及高性能乘法器，大幅提升了计算能力。③把缓存划分为数据缓存和指令缓存，并集成在芯片内，减少了数据／指令读写的冲突。④集成了分支指令预测的功能。⑤提升了流水线功能，将处理器划分为 5 级流水，包括：预取，处理器从指令缓存中预取指令；译码阶段 1，对指令进行译码，确定操作码和寻址信息，并进行指令的成对性检查与分支预测；译码阶段 2，产生访问存储器的地址；执行阶段，访问数据缓存及寄存器并进行算术及逻辑等运算；写回，更新寄存器和标志寄存器。⑥增强了错误检测与报告功能。图 7.5 是奔腾处理器架构示意图[2]。

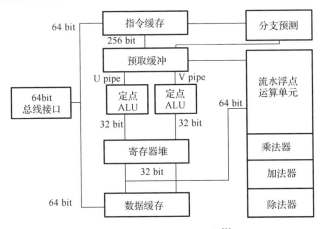

图 7.5　奔腾处理器架构[2]

1996 年，Intel 推出了奔腾 MMX 技术，支持 SIMD 操作，并增加了 57 条相关的指令，大幅提升了多媒体处理的性能。如图 7.6 所示，在 MMX 技术中，64 位数据可以视为 8 个 8 位数据或 4 个 16 位数据或 2 个 32 位数据或 1 个 64 位数据。当数据位宽不需要 64 位时，可同时进行多个数据的计算，提升性能。图 7.7 是同时进行 4 个 16 位加法器的示意图。

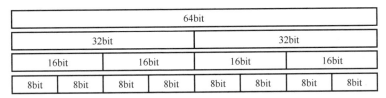

图 7.6　MMX 技术可把 64 位数据拆分成多种方式

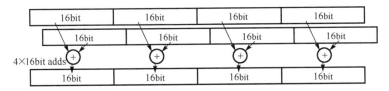

图 7.7　MMX 技术可同时进行多个数据的操作

4. Intel 64 位处理器

为了支持更大的内存并进行更大范围的整数运算，64 位处理器逐步取代了 32 位处理器。

Intel 的 64 位处理器的研发起步于 20 世纪 90 年代初。Intel 和惠普合作，计划设计一个全新指令集的、具有超长指令字的 64 位处理器 Itanium（IA-64）。但是，由于跟原来的 x86 处理器不兼容，Itanium 处理器在市场上遇到了前所未有的失败。而 AMD 在 2003 年通过推出与 x86 兼容的 64 位处理器(7.2.2 节)，广受市场欢迎，AMD 的市场份额一度接近 Intel。

Intel 在 2004 年基于内存扩展 64 位技术(extended memory 64 technology, EM64T) 推出了与 x86 兼容的 64 位处理器。该方案与 AMD 的 x86-64 位技术基本一致，都增加了通用寄存器的数量并把数据位宽从 32 位扩展到 64 位，同时保留原先 32 位、16 位及 8 位数据的访问能力；通过扩展指令来实现 64 位数据的运算并兼容原先 32 位运算。Intel Xeon 处理器借助于 EM64T 技术可实现高达 1TB(40bit) 的物理内存寻址和 256TB(48bit) 的虚拟内存寻址。

Intel x86-64 位处理器支持两种模式：传统的 32 位模式和 IA-32e 扩展模式(即 64 位模式)。处理器内有一个扩展功能激活寄存器(extended feature enable register) 控制 EM64T 是否激活，使得处理器可作为一个标准的 32 位处理器运行或在 64 位模式下运行。

5. Intel 多核处理器

由于处理器功耗等问题的限制，Intel 从 2005 年开始全面转向多核处理器，并于 2006 年开始推出多核处理器产品。Intel 并不是第一家推出多核处理器的公司，在这之前，IBM PowerPC、SUN SPARC 等已陆续推出了多核处理器产品。

Intel 于 2006 年推出的 Core 2 处理器和 Xeon 处理器均为双核处理器。Core 2 面向桌面应用，Xeon 面向服务器应用。图 7.8 是 Xeon 双核处理器的芯片图[3]。该芯片集成了两个 64 位处理器及 16MB 共享 L3 缓存。每个处理器核支持双线程(thread)及 1MB 的 L2 缓存。芯片采用 65nm 8 层铜互连工艺制造，面积为 435mm^2，晶体管数量为 13.38 亿个，时钟频率为 3GHz，最高功耗为 165W，通常运行下功耗为 110W。

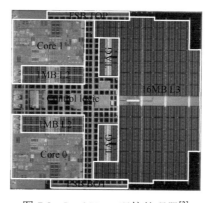

图 7.8　Intel Xeon 双核处理器[3]

目前所有的个人计算机、服务器及手机均采用多核处理器，通常集成 10 个核左右。通用处理器的核数增长得不如预期的快，主要是受限于应用本身的可并行度。

7.1.2 Intel x86 指令集

Intel x86 指令集是一个不断扩充的过程，但是 Intel 非常注重 x86 指令集的兼容性，以确保以前的程序在新的指令集系统中仍然可以运行。Intel x86 的每条指令可以是 1B、3B 或 5B。

1. 寄存器堆

图 7.9 是当前 64 位 x86 处理器的寄存器堆示意图。共 16 个寄存器，每个寄存器 64 位，其中%rsp 仅用于堆栈指针。为了与以前的 x86 处理器兼容，也可以访问其中的 32 位、16 位或 8 位。例如，%rax 是 64 位寄存器，其低 32 位是%eax。

%rax	%eax		%r8	%r8d
%rbx	%ebx		%r9	%r9d
%rcx	%ecx		%r10	%r10d
%rdx	%edx		%r11	%r11d
%rsi	%esi		%r12	%r12d
%rdi	%edi		%r13	%r13d
%rsp	%esp		%r14	%r14d
%r bp	%ebp		%r15	%ebp

图 7.9 64 位 x86 处理器的寄存器堆

2. 存储寻址方式

x86 处理器的寻址模式可表示为式(7.2)。其中 D 是常数 1、2 或 4；Rb 是基寄存器；Ri 是除%rsp 之外的任何寄存器；S 是 1、2、4 或 8。式(7.3)～式(7.5)是式(7.2)在若干参数下的简化，其中式(7.3)有 Rb、Ri 两个参数，式(7.4)有 D、Rb、Ri 三个参数，式(7.5)有 Rb、Ri、S 三个参数。式(7.6)和式(7.7)是两个寻址方式计算的具体举例，假定其中的寄存器%rdx=0xf000，%rcx=0x0100。

$$D(\text{Rb}, \text{Ri}, S) = \text{Mem}[\text{Reg}[\text{Rb}] + S \times \text{Reg}[\text{Ri}] + D] \tag{7.2}$$

$$(\text{Rb}, \text{Ri}) = \text{Mem}[\text{Reg}[\text{Rb}] + \text{Reg}[\text{Ri}]] \tag{7.3}$$

$$D(\text{Rb}, \text{Ri}) = \text{Mem}[\text{Reg}[\text{Rb}] + \text{Reg}[\text{Ri}] + D] \tag{7.4}$$

$$(\text{Rb}, \text{Ri}, S) = \text{Mem}[\text{Reg}[\text{Rb}] + S \times \text{Reg}[\text{Ri}]] \tag{7.5}$$

$$(\%rdx,\%rcx,4) = 0xf000 + 4 \times 0x100 = 0xf400 \tag{7.6}$$

$$0x80(,\%rdx,2) = 2 \times 0xf000 + 0x80 = 0x1e080 \tag{7.7}$$

3. 指令格式及功能

x86 处理器指令包括数据搬移指令、算术逻辑运算指令、控制指令等。其他处理器的指令集基本也是实现这些功能，但是具体指令格式会有不同。

x86 数据搬移指令的格式是：movq Source，Dest。其功能是把数据从源（source）地址搬移到目的（dest）地址，如表 7.1 所示。其中源地址可以是立即数、寄存器堆、存储器；目的地址可以是寄存器堆或存储器。但是源地址和目的地址不能同时为存储器（或者说源地址和目的地址至多只能有一个是存储器）。图 7.10 是利用数据搬移指令实现两个内存数据交换位置的 C 程序和汇编程序。C 程序中这两个内存数据用 *xp 和 *yp 来表示，汇编程序中这两个内存数据用（%rdi）和（%rsi）来表示，也就是用寄存器%rdi 和%rsi 实现内存寻址。从汇编程序中可以看出，这两个内存数据先放到寄存器%rax 和%rdx，然后再实现数据位置的交换。

表 7.1　数据搬移指令的数据源和目的

源	目的
立即数（Imm）	寄存器堆或存储器
寄存器堆	寄存器堆或存储器
存储器	寄存器堆

```
void swap
    (long *xp, long *yp)      swap:
{                                movq   (%rdi), %rax
                                 movq   (%rsi), %rdx
  long t0 = *xp;                 movq   %rdx, (%rdi)
  long t1 = *yp;                 movq   %rax, (%rsi)
  *xp = t1;                      ret
  *yp = t0;
}
```

图 7.10　两个内存数据交换位置的 C 程序和汇编程序

表 7.2 是算术及逻辑运算指令，包括加、减、乘、左移、右移、异或、与、或等操作。指令通常有两个操作数，其中一个操作数既作为源又作为目的；也有些指令只有一个操作数，如加 1、减 1、取反、取非等。表 7.2 指令格式先写源（Src）再写目的（Dest），也有些系统先写目的再写源。右移指令分成算术右移和逻辑右移，分别对应有符号操作和无符号操作。此外，x86 处理器还有一条 leaq（load effective address）指令，格式类似于数据搬移，为 leaq Src, Dest。但是它的功能是把计算出来的地址写到目的地址（而非按地址去读写存储）。

表 7.2　运算及逻辑指令

格式	功能
addq Src, Dest	加法：Dest = Dest + Src
Subq Src, Dest	减法：Dest = Dest – Src
Imulq Src, Dest	乘法：Dest = Dest * Src
Salq Src, Dest	左移：Dest = Dest << Src
Sarq Src, Dest	算术右移：Dest = Dest >> Src，新最高位=原最高位
Shrq Src, Dest	逻辑右移：Dest = Dest >> Src，0→最高位
Xorq Src, Dest	异或：Dest = Dest ^ Src
Andq Src, Dest	与：Dest & Src
Orq Src, Dest	或：Dest = Dest | Src
Incq Dest	加 1：Dest = Dest + 1
Decq Dest	减 1：Dest = Dest – 1
Negq Dest	取反：Dest = – Dest
Notq Dest	取非：Dest = ~Dest

控制指令包括无条件跳转指令(jmp)和条件跳转指令，如表 7.3 所示。条件跳转指令根据状态信息来决定是否需要跳转。状态信息包括进位信息(CF)、符号信息(SF)、零信息(ZF)、溢出信息(OF)等。C 程序中的 if else 语句、while 语句、for 语句、switch 语句都可以用条件跳转语句来实现。

表 7.3　跳转指令及其说明

跳转指令	条件	说明
Jmp	无	无条件跳转
Je	ZF = 1	数据相等/为零时跳转
Jne	~ZF = 1	数据不等/非零时跳转
Js	SF = 1	负数时跳转
Js	~SF = 1	非负数时跳转
Jg	~ (SF^OF)&~ZF	大于时跳转(有符号数)
Jge	~ (SF^OF)	大于等于时跳转(有符号数)
Jl	(SF^OF)	小于时跳转(有符号数)
Jle	(SF^OF)|ZF	小于等于时跳转(有符号数)
Ja	~CF&~ZF	大于时跳转(无符号数)
Jb	CF	小于时跳转(无符号数)

　　x86 指令(及其他绝大部分处理器指令)支持堆栈(stack)的操作。堆栈通常是存储器的一部分，但是它的访问地址不是随意的，而是遵从先入后出的规则。堆栈有一个栈顶地址，有入栈(push)和出栈(pop)两个操作。图 7.11(a) 是 x86-64 位处理器的堆栈示意图，堆栈是存储的一部分，存储地址往上增加；栈底在顶端(即高地址)，栈顶在底部(即低地址)，堆栈容量增加时栈顶向下扩展(即栈顶地址减少)。图 7.11(b) 是入栈示意图，先把栈顶地址减 8，然后把数据写入栈顶地址。类似地，出栈时把栈顶的数据读出到指定位置，然后把栈顶地址加 8。也有的处理器堆栈容量扩展时地址增加，则入栈时地址增加，出栈时地址减少。

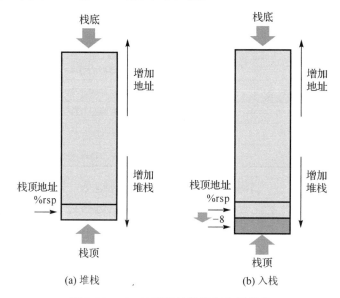

图 7.11　　x86 处理器的堆栈和入栈操作

　　使用堆栈可以支持子程序的调用(call)及返回(ret)。图 7.12 是主程序 P 调用子程序 Q，然后再返回主程序的过程，可以看到，这个过程包括程序地址的变化以及相关数据的传递。调用子程序时，首选用入栈操作把下一条指令的地址送入堆栈，然后程序跳转到子程序；要从子程序返回时，用出栈操作把需要返回的地址送到指令地址。此外，在子程序调用过程中还需要进行参数的传递，在 x86 处理器中，主程序中的寄存器%rdi、%rsi、%rdx、%rcx、%r8、%r9 依次作为子程序的输入参数，而子程序中的%rax 寄存器作为运算结果返回给主程序。在图 7.12 的例子中，主程序中的参数 x 会通过寄存器%rdi 传递到子程序中的参数 i，而子程序的结果 $v[t]$ 会通过%rax 传递到主程序中的 y。

　　详细的 x86 处理的指令介绍可以参考其使用手册，或者参考 x86 处理器系统的相关书籍，如文献[4]。

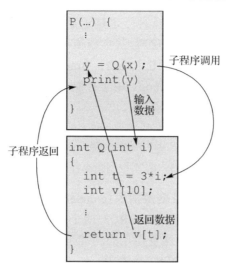

图 7.12　子程序调用和返回过程

7.1.3　Intel 的专利

Intel 从 8086 处理器开始就注重专利的申请和保护，在数十年的处理器研发过程中，Intel 积累了大量的相关专利，形成了完整的 x86 指令集及其实现的专利体系。除了 AMD 之外，Intel 未给 x86 指令集授权，也意味着其他企业几乎没有进入 x86 处理器的可能性。本节选择一些较为重要的专利进行探讨。

1. x86 通用指令专利

x86 通用指令包括数据传输、数学运算、逻辑运算、控制、字符串等指令，Intel 申请了许多相关专利。

文献[5]描述了如何利用 8 位及 16 位寄存器堆把存储地址扩展成 20 位(即 1MB)的寻址能力；如何用完善的字符串(string)指令来加强字符串操作能力；如何利用浮点运算芯片与处理器芯片进行协同计算等。

x86 处理器的存储读写指令支持不同数据存储格式以及地址对齐情况。数据存储格式分为小字节序(little endian，低位字节放在低地址端，高位字节放在高地址端)和大字节序(big endian，高位字节放在低地址端，低位字节放在高地址端)。Intel 处理器内部一般只支持小字节序的存储格式，当碰到大字节序存储时，处理器会进入微代码把格式转换成小字节序[6]。另外，当访问地址非对齐(unaligned)时，会转化成几个对齐指令执行[7]。

x86 处理器可利用赋值-控制指令[8]实现不可被打断的原子(Atomic)指令的操作。赋值-控制指令在寄存器里加入两个 bit 来辅助原子指令的执行，分别是控制位和状态位。状态位是控制位数值经过一定延迟后的数值。赋值-控制指令包括 Set bit（或 BTS）及 branch if clear（或 JZ），其实现原子操作的程序示范见图 7.13。当遇到原子指令时，Set bit 指令把控制位写为 1；Branch if clear 指令查看状态位，在状态位是 1 时往下执行，否则返回 Loop。由于控制位和状态位之间存在一个延迟，利用这个延迟来保证原子指令的顺利完成。

```
Loop:    Set bit            Bit_C, REG A
         Branch if clear    Bit_S, REG A , Loop
```

图 7.13　赋值-控制指令程序示意图

奔腾处理器开始引入了比较交换指令（compare-and-exchange，CMPXCHG）来实现原子操作[9]。该指令包含 SRC1 和 SRC3 两个操作数，另外有特殊寄存器 SRC2 和 DEST，但不在指令中显示。这条指令的功能是比较 SRC1 和 SRC2，如果比较结果一致，则 SRC3 的值写回到 DEST 寄存器。

此外，Intel 处理器定义了 Compare-and-Branch（COBR）指令[10]用以比较两个数据，确定是否符合条件。如果符合条件则跳转，否则继续正常执行。

2. 浮点数指令专利

在 Intel 处理器中，浮点数运算一开始是作为独立的协处理器芯片存在的，称为 x87。从 80486 处理器开始，由于芯片集成度的提高，浮点运算芯片跟 CPU 整合到了同一个芯片上。浮点数指令专利包括数据传输、数据舍入（rounding）运算、同步控制等指令。

浮点数据传输指令包括：浮点寄存器和定点寄存器之间的数据搬移、浮点寄存器堆的 load/store 操作[11]、浮点比较指令 FCOM（compare floating point）、浮点条件搬移指令 FCMOV（floating point conditional mov）；浮点条件跳转指令 FCJMP（floating point conditional jump）[12]等。

浮点数的舍入运算相关专利包括[13,14]：①支持不同的精度，如 24 位单精度、扩展单精度、53 位双精度、64 位扩展精度。②支持不同的模式，包括向正无穷取整（round to plus infinity）、向下取整（round to minus infinity）、舍入为零（round toward zero）以及最近舍入（round to nearest value）等。在进行舍入运算时提高并行化以提高速度，并简化电路以节省消耗。

同步控制指令既兼容以前的程序，又考虑如何加快执行协处理器。在 80486 处理器之前，处理器通常会有同步指令（如 WAIT）用来等待协处理器执行完相关的操作。当遇到同步指令时，处理器会停止运算以等待协处理器。但是，有些指令（如部分浮点运算指令）本身已包含了一个 WAIT 状态，会自动地等待协处理器，对于这些指令（称为"安全"指令），就没必要再执行一个独立的 WAIT 指令。该专利具有指令预取模块和译码模块[15]。指令预取模块能预取后面的指令，译码模块能判断预取的指令是不是"安全"指令，并决定是否需要等待。

3. MMX 指令专利

为提高多媒体运算的性能，Intel 推出了 MMX 技术。MMX 是一种单指令多数据技术(SIMD)。MMX 技术需要相关指令支撑，Intel 进行了大量的相关专利的申请。

MMX 数据传输指令专利[16]介绍可存放多个数据的扩展包寄存器(extend packed register file)与定点寄存器及存储之间的数据交换，包含 MOVD 指令和 MOVQ 指令。

MMX 运算指令实现某个算术及逻辑操作。指令中包含包数据(packed data)的特征，例如，说明一个 64 位数据是由 2 个 32 位数据构成还是由 4 个 16 位数据构成。执行单元具备处理不同类型的包数据的能力，包括 SIMD 乘加指令及乘减指令[17]、SIMD 加法/减法操作[18]、SIMD 移位操作[19]、运算溢出(saturation)[20]等。

MMX 处理器用逻辑上统一的寄存器堆支持浮点数据寄存器堆及包数据寄存器堆。每个寄存器堆由对应的标签(tag)来表明寄存器是空还是非空。在 SIMD 指令结束之后使用 EMMS(empty multimedia state)指令来清除其寄存器堆的标签以清空寄存器堆，使后续的浮点指令避免出现寄存器堆满的现象。相关专利涵盖寄存器堆设计[21]、电路设计[22]以及如何使用这些寄存器等相关内容。

4. 微代码(microcode)专利

Intel 处理器采用 CISC 指令，但为了利用某些 RISC 处理器的优点，经常将 CISC 指令转换成 RISC 指令，通常称为微操作、微代码等，并申请了相关专利[23,24]。例如，CISC 加法指令 ADDF32 可转换成两条 RISC 指令——addf32 和 prodf32 指令。addf32 是 RISC 加法指令，不产生标志(flag)；prodf32 用于产生计算标志位。

5. 非 x86 指令

虽然绝大部分 Intel 处理器采用 x86 指令集，但是 Intel 也部署了一些非 x86 指令集及其专利，例如，多地址的运算及控制指令(如 CASE)的执行[25,26]，这些指令及执行单元通常以超长指令字(very long instruction word，VLIW)协处理器的形式出现。传统的CASE指令有几个难点：①需要包含所有可能跳转的地址,这导致了 CASE 指令的长度太长。②CASE 指令执行时，通常采用串行的方式来判断 CASE 中的条件是否满足，导致指令的执行速度过慢。所以，这些专利包括：①如何用标准的指令长度来标识 CASE 指令。②如何用一个时钟周期来完成 CASE 指令的执行。

6. 处理器逻辑及电路实现相关专利

Intel 部署了众多的专利用于乱序(out-of-order)处理器读写存储(load/store)指令的执行。在这类处理器中，需要判断 load 指令是否与前面的指令有相关性。如果有相关性，则 load 指令需要暂缓执行，否则就可以乱序执行[27]。此外，还需要设计处理器 load/store 的调度(dispatch)功能[28,29]以及非对齐(misaligned)数据的处理方式[30]。

Intel 也有超标量处理器实现的专利[31]。这些处理器特征包括：①处理器每个时钟从指令 cache 读取至少 3 条指令到指令序列(instruction sequencer)。②指令序列对得到的指令进行译码，并检查指令间的相关性。③寄存器堆具有多端口读写功能。④单周期协处理器及多周期协处理器连接到寄存器堆接口，load/store 指令的地址计算单元连接到存储接口。⑤存储接口连接一个局部寄存器缓存(local register cache)，用作寄存器堆和存储之间的缓冲。

Intel 部署了许多执行跳转指令的专利，如加速条件跳转(conditional Jump)指令译码的专利[32]设计新的译码功能模块，一个时钟周期就能完成条件跳转指令的译码；跳转地址预测技术[33]包含一个跳转目标缓冲(branch target buffer)用于存储跳转目标指令、目标地址以及是否跳转的历史记录，并包含两个执行单元用来同时执行跳转指令以及跳转目标缓冲中的目标指令，从而使跳转指令不需要占用额外的时钟周期；文献[34]介绍如何通过比较段地址预测和偏移地址预测与实际的段及偏移地址比较，来确定跳转预测是否准确；文献[35]提前判断跳转预测失败的可能性，如果发现预测失败的可能性较大，则预先计算跳转和不跳转两种情况下的跳转地址，从而产生两个指令指针并输入双端口指令缓存读指令，从而降低跳转预测失败时的代价；子程序返回指令的地址判断文献[36]介绍了预测子程序返回指令跳转地址的四个步骤及堆栈预测缓冲的设计，从而提高预测子程序返回地址的性能。

7.2 AMD 处理器

由于 IBM 在采用 Intel 公司的处理器的时候要求有第二家供应商，Intel 公司与 AMD 公司在 1976 年签署了专利相互授权协议，使得 AMD 成了另一家 x86 处理器的设计、生产及供应商。从那时起，AMD 公司就成了 Intel 公司的"跟随者"和"备份"，其处理器的性能通常比 Intel 公司差一些，但价格便宜一些。

然而，AMD 在历史上也曾有几次超越 Intel 的产品。

7.2.1　3DNow!浮点 SIMD 指令集

1996 年 Intel 首先推出了支持 MMX 的奔腾处理器(见 7.1.1 节)，极大地提高了 CPU 处理多媒体数据的能力。但是 MMX 只支持整数运算，浮点数运算仍然要使用传统的 x87 协处理器指令。

由于 MMX 寄存器与浮点寄存器相互重叠，在 SIMD 指令结束之后需要使用 EMMS 指令来清除其寄存器堆的标签以清空寄存器堆，使后续的浮点指令避免出现寄存器堆满的现象(见 7.1.3 节)。这限制了 MMX 指令在需要大量浮点运算程序中的性能。

AMD 公司于 1998 年推出了包含 21 条指令的 3DNow!指令集，见表 7.4，并在其 K6-2 处理器中实现[37]。K6-2 是第一个能执行浮点 SIMD 指令的 x86 处理器，也是第一个支持平坦浮点寄存器模型的 x86 处理器。借助 3DNow!，K6-2 实现了 x86 处理器上最快的浮点单元，在每个时钟周期内最多可得到 4 个单精度浮点数结果，是传统 x87 协处理器的 4 倍。

表 7.4　3DNow！指令集

指令	说明
PFADD	多浮点加(packed floating-pint addition)
PFSUB	多浮点减
FPSUBR	多浮点反向减(reverse subtraction)
FPACC	多浮点累加
PFCMPGE	多浮点比较：大于或等于
PFCMPGT	多浮点比较：大于
PFCMPEQ	多浮点比较：等于
PFMIN，PFMAX	多浮点取小，多浮点取大
PI2FD，PF2ID	双定点到浮点转换，浮点到双定点转换
PFRCP	多浮点倒数逼近（reciprocal approximation）
PFRSQRT	多浮点倒数平方根逼近（square root approximation）
PFMUL	多浮点乘
PFRCPIT1	多浮点倒数计算第一步（reciprocal iteration first step）
PFSQIT1	多浮点倒数平方根计算首步(reciprocal square root iteration first step)
PFRCPIT2	多浮点计算第二步
PMULHRW	多 16 位含舍入的定点数乘
PAVGUSB	多 8 位无符号数据取平均
FEMMS	快速进入 / 推出 MMX
PREFETCH	数据预取

7.2.2 x86-64 位处理器

2003 年，AMD 率先推出基于 x86-64 位结构的面向服务器的 Opteron(皓龙)处理器，以及面向桌面计算机的 64 位微处理器。x86-64 位处理器既可以更好地支持有大容量存储需求的应用，也兼容了 x84-32 位处理器。

图 7.14 是 Opteron 处理器的寄存器堆结构。x86-64 位结构扩展了寄存器堆，通用寄存器(general-purpose registers，GPR)和 SIMD 扩展寄存器(SSE)均从 8 个扩展到了 16 个。通用寄存器的位宽从 32 位扩展到 64 位，并且保留了原先 32 位、16 位及 8 位寄存器的访问模式。例如，RAX 寄存器堆是 64 位，其低 32 位是 EAX 寄存器，低 16 位是 AX 寄存器(AH 和 AL 的组合)，低 8 位是 AL 寄存器。寄存器堆数量上的增加提高了寄存器堆的分配，有助于提升性能；而寄存器堆位宽的增加有助于增加存储器访问容量以及数据运算的精度。

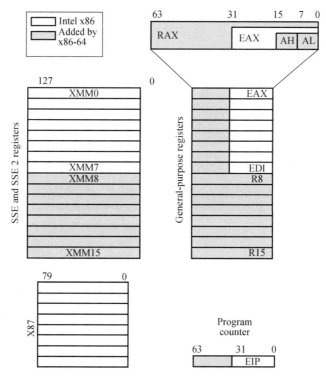

图 7.14　AMD x86-64 位处理器 Opteron 的寄存器堆结构[38]

除了 64 位特征之外，AMD Opteron 还具有以下若干特征：具有片上 DDR 存储控制器，它用于提供高效低延迟的内存访问；有 HyperTransport 片间互连用于支持高效的多处理器芯片系统。

7.2.3　融合 CPU 和 GPU 的处理器(Fusion APU)

　　AMD 公司在 2006 收购了 ATI 公司，同时拥有了 CPU 和 GPU 的设计能力，并率先尝试将 CPU 和 GPU 融合在一个芯片中，称为 Fusion APU。2011 年推出的 LLANO 处理器是一个比较典型的、融合了 CPU 和 GPU 的处理器，图 7.15 是其芯片照片[39]。LLANO 处理器集成了 4 个 CPU 核、1 个 GPU 核。每个 CPU 核集成 64KB 2 路组相连一级(L1)指令缓存、64KB 2 路组相连一级(L1)数据缓存以及 1MB 16 路组相连二级(L2)缓存。GPU 核总体是 VLIW 结构，包含 4 个流处理核(stream core)及 1 个特定功能流处理器核；4 个流处理器核采用 SIMD 结构，每个时钟周期可分别执行 4 个 32bit 浮点乘加、4 个 24bit 定点乘法或加法、2 个 64bit 浮点乘法或加法、1 个 64bit 浮点乘加；1 个特点功能流处理器核可执行 1 个 32bit 浮点乘加操作。GPU 总体性能为 480GFLOPS。该 APU 处理器还集成了北桥(northbridge)，用于跟内存进行数据交互。该 APU 处理还包含一个融合控制链(fusion control link，FCL)，使得 GPU 可以访问 CPU 的一致性内存空间，并使 CPU 可访问 GPU 的 framebuffer 存储。APU 处理器采用 32nm 工艺制造，芯片面积为 227mm²，包含 14.5 亿个晶体管。

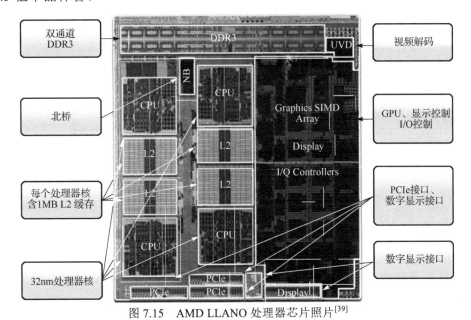

图 7.15　AMD LLANO 处理器芯片照片[39]

7.2.4　AMD Zen 处理器

　　Zen 处理器是近几年 AMD 的又一力作[40]，图 7.16 是其微结构示意图。Zen 处理器比 AMD 上一代处理器增加了 40% 的 IPC，并具有较好的功耗效率。其主要的特征包括：①增加了微指令缓存，以更快速地提升取指的速度；②提升了跳转预测能力；③大幅提升了多个指标，例如，微指令调度数增加到 6 个，整数指令调度数为 84 个，浮点指令调度数为 96 个；④采用了大量的低功耗手段，如激进的时钟门控 (clock gating) 技术。

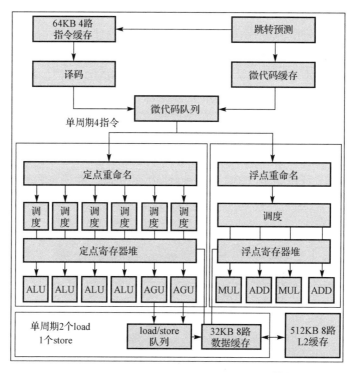

图 7.16　AMD Zen 处理器微结构示意图[40]

7.3　ARM 处理器

　　ARM 处理器是目前运用最广泛的嵌入式处理器，基本所有的智能手机采用的都是 ARM 指令集处理器。与 Intel 公司出售处理器芯片不同，ARM 公司出售处理器的 IP 使用权。因此，ARM 处理器的销售量远大于 Intel 处理器，但是销售额与 Intel 的 x86 处理器距离甚远。

　　ARM 处理器起源于 20 世纪 80 年代，是 Acorn RISC Machine 的缩写，90 年代初改为 Advanced RISC Machine。

7.3.1　ARM7 处理器

ARM7 是 ARM 公司历史上最重要的处理器产品之一，主要包括 ARM7TDMI 和 ARM7TDMI-S。该处理器提供两套指令集：32 位指令集及 Thumb 16 位压缩指令集。用 32 位指令集带来较好的性能，用 16 位指令集带来很高的代码密度。

图 7.17 是 ARM7 32 位指令集格式，可以看到其指令集格式非常规则。高 4 位（28～31 位）表示条件（Cond），包括进位（C）、负数（N）、零（Z）、溢出（V）4 种状态，共 16 种组合。只有满足条件时，指令才会执行。20～27 位是操作码，用于确定操作类别。ARM 的算术逻辑运算操作数只来源于寄存器堆，只有 load/store 指令才能访问存储器。在算术逻辑运算操作中，Rn 和 Operand 2 表示两个源操作数，Rd 是目的操作数。在存储访问指令（single data transfer）中，存储器访问地址由基地址（Rn）和偏移量（Offset）计算而成。

31 30 29 28 27 26 25 24 23 22 21 20 19 18 17 16 15 14 13 12 11 10 9 8 7 6 5 4 3 2 1 0

Cond	0 0 1	Opcode	S	Rn	Rd	Operand 2				数据处理
Cond	0 0 0 0 0 0 A S	Rd		Rn	Rs	1 0 0 1	Rm			乘法
Cond	0 0 0 0 1 U A S	RdHi		RdLo	Rn	1 0 0 1	Rm			长数据乘
Cond	0 0 0 1 0 B 0 0	Rn		Rd	0 0 0 0	1 0 0 1	Rm			单数据交换
Cond	0 0 0 1 0 0 1 0	1 1 1 1	1 1 1 1	1 1 1 1	0 0 0 1	Rn				跳转及交换
Cond	0 0 0 P U 0 W L	Rn		Rd	0 0 0 0	1 S H 1	Rm			半字数据传输：寄存器
Cond	0 0 0 P U 1 W L	Rn		Rd	Offset	1 S H 1	Offset			半字数据传输：立即数
Cond	0 1 1 P U B W L	Rn		Rd	Offset					单数据传输
Cond	0 1 1					1			未定义
Cond	1 0 0 P U S W L	Rn		Register List						块数据传输
Cond	1 0 1 L	Offset								跳转
Cond	1 1 0 P U N W L	Rn		CRd	CP#	Offset				协处理器数据传输
Cond	1 1 1 0 CP Opc	CRn		CRd	CP#	CP	0	CRm		协处理器数据运算
Cond	1 1 1 0 CP Opc L	CRn		Rd	CP#	CP	1	CRm		协处理器寄器传输
Cond	1 1 1 I I	Ignored by processor								软件中断

图 7.17　ARM7 32 位指令集格式[41]

图 7.18 是 ARM7 16 位 Thumb 指令集格式。

	15	14	13	12	11	10	9	8	7	6	5	4	3	2	1	0	
1	0	0	0	Op		Offset5					Rs			Rd			移位寄存器搬移
2	0	0	0	1	1	1	Op	Rn/Offset3			Rs			Rd			加减
3	0	0	1	Op		Rd			Offset8								立即数搬移及加减
4	0	1	0	0	0	0	Op				Rs			Rd			ALU
5	0	1	0	0	0	1	Op		H1	H2	Rs/Hs			Rd/Hd			Hi寄存器操作及跳转交换
6	0	1	0	0	1	Rd			Word8								PC相对load
7	0	1	0	1	L	B	0	Ro			Rb			Rd			寄存器偏移load/store
8	0	1	0	1	H	S	1	Ro			Rb			Rd			符号扩展load/store
9	0	1	1	B	L	Offset5					Rb			Rd			带有立即数偏移load/store
10	1	0	0	0	L	Offset5					Rb			Rd			半字load/store
11	1	0	0	1	L	Rd			Word8								SP相对load/store
12	1	0	1	0	SP	Rd			Word8								load地址
13	1	0	1	1	0	0	0	0	S	SWord7							堆栈指针加偏移
14	1	0	1	1	L	1	0	R	Rlist								Push/pop寄存器
15	1	1	0	0	L	Rb			Rlist								多load/store
16	1	1	0	1	Cond				Soffset8								有条件跳转
17	1	1	0	1	1	1	1	1	Value8								软件中断
18	1	1	1	0	0	Offset11											无条件中断
19	1	1	1	1	H	Offset											长距离跳转

图 7.18　ARM7 16 位 Thumb 指令集格式[41]

　　上述 ARM7 TDMI 处理器支持 32 位 ARM 指令集及 16 位 Thumb 指令集。程序设计者可以根据不同的需求在两种状态下切换，以在程序性能和代码密度中取得平衡，但在状态切换中会有额外的程序执行，导致性能下降。另外 ARM 和 Thumb 指令集需要以不同方式编译，从而增加了软件开发管理上的复杂度。

7.3.2　Cortex-M 处理器

　　Cortex-M 是 ARM 处理器中功耗最低、成本最低的微控制器产品系列，适用于低功耗的嵌入式系统，具体包括 Cortex-M0、Cortex-M0+、Cortex-M3、 Cortex-M4、Cortex-M7、Cortex-M23、Cortex-M33、Cortex-M35P 等。Cortex-M 可作为独立式的微控制器芯片，也可以作为 SoC 内部的一个控制器单元用于功耗控制、I/O 控制、电池控制等功能。

2009 年，ARM 发布了 Cortex-M0，这款 32 位处理器是面积最小的 ARM 处理器，功耗超低，并已免费开源。Cortex-M0 支持 Thumb / Thumb2 指令集，Thumb2 指令集同时结合了 16 位和 32 位指令集，且两种指令码共存于同一模式，并免去了状态间的切换，从而提升了整体的效能。Cortex-M0 采用 ARMv6-M 架构、冯·诺依曼存储结构、3 级流水线，并包含 32 位乘法单元。

7.3.3　Cortex-A 处理器

Cortex-A 是 ARM 处理器中的高性能产品系列，可支持多种操作系统，且具有很高的功耗效率，具体包括 Cortex-A5、Cortex-A7、Cortex-A9、Cortex-A15、Cortex-A17、Cortex-A32、Cortex-A35、Cortex-A53、Cortex-A55、Cortex-A57、Cortex-A72、Cortex-A73 等。目前绝大部分的手机都采用 ARM Cortex-A 处理器。

Cortex-A5 是第一个 Cortex-A 系列处理器，采用 ARMv7-A 架构，具有虚拟存储管理系统，支持多种操作系统，并具有较小的面积（约为 Cortex-A9 的 1/2）。Cortex-A5 可广泛应用于物联网、可穿戴设备等领域。

Cortex-A76 是一款较新的高性能 Cortex-A 系列处理器。Cortex-A76 是 64 位处理器，采用超标量、乱序执行的结构，具有指令和数据预取等多种高性能设计方案，还增加了机器学习和人工智能的加速单元，主要面向智能手机的应用，也试图进入手提电脑的应用领域。

7.4　申威处理器

申威处理器是上海高性能集成电路设计中心自主研发与设计的国产处理器，也是国内最早出现的高性能微处理器之一，应用于中国"神威·太湖之光"超级计算机。其特点主要在于具有自主知识产权的申威 64 指令集、面向高性能计算的微处理器核心和系列化的申威处理器产品。

7.4.1　申威 64 指令系统

申威 64 指令为 64 位字长的 RISC 指令，包含基本指令系统和扩展指令系统，所有指令均采用定长的 32 位格式。基本指令包含运算指令、控制指令、存储访问指令、特权指令等类型。扩展指令支持具有短向量特征的 SIMD 数据处理，包括对数据格式、寄存器、指令的扩展。

其中，运算指令包括整数运算指令和浮点运算指令，运算一般均在寄存器之间进行，结果仍然写回寄存器。支持 8 位、16 位、32 位和 64 位整数运算，支持符合 IEEE 754 标准 32 位单精度和 64 位双精度浮点运算。存储器访问指令包括存储器装入（store）、读出（load）、同步等指令，实现寄存器和存储器之间的数据传送。扩展指令支持 256 位 SIMD 的短向量运算。系统调用指令用于调用特权程序，而特权程序调用是运行在特殊处理器模式下，实现特定的、对底层硬件直接进行控制的子程序。图 7.19 是申威处理器指令集格式。

31 26	25 21	20 16	15 10	9 5	4 0	
Opcode	Function					系统调用指令格式
Opcode	Ra	disp				转移指令格式
Opcode	Ra	Rb	disp			存储器指令格式
Opcode	Ra	Rb	Function		Rc	简单运算指令格式
Opcode	Ra	Rb	Function	Rc	Rd	复合运算指令格式

图 7.19　申威处理器指令集格式

申威 64 指令系统基本寻址单位为 8 位的字节，地址长度为 64 位，具体的实现可支持较小的地址空间。存储管理机制支持小端地址格式(little-endian)的字节寻址，不支持大端地址格式(big-endian)。寻址方式支持寄存器寻址、立即寻址、偏移寻址、相对 PC 寻址、地址寻址等。

7.4.2　申威处理器核心

申威处理器核心已发展到第三代，由指令部件、整数执行部件、浮点执行部件、数据缓存控制部件、二级缓存控制部件以及一级指令缓存、一级数据缓存和二级缓存组成。其技术特征如下。

(1)核心为采用并行发射、乱序发射、乱序执行和推测执行技术的 4 译码 7 发射超标量结构；

(2)采用短向量加速计算技术提高整数和浮点运算性能，支持浮点双 256 位 SIMD 流水线、整数单 256 位 SIMD 流水线，每个时钟周期可产生 11 个整数运算结果或 16 个浮点运算结果；

(3)一级指令缓存容量为 32KB，采用四路组相联结构，虚地址访问方式，缓存行大小为 128B，采用可容错的偶校验；

(4)一级数据缓存容量为 32KB，采用四路组相联结构，物理地址访问方式，缓存行大小为 128B，采用可纠错的 ECC 校验；

(5)二级缓存容量为 512KB，采用八路组相联结构，物理地址访问方式，缓存行大小为 128B，为指令和数据混合缓存，采用可纠错的 ECC 校验；

(6)一级数据缓存与二级缓存为严格的包含关系，一级指令缓存与二级缓存为既不包含，也不互斥关系，硬件自动支持指令与数据的缓存一致性。

基本结构如图 7.20 所示。

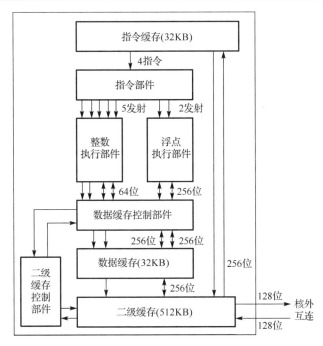

图 7.20　申威处理器核心结构图

正在研发的第四代申威处理器核心采用了更宽的指令发射宽度和多种转移预测技术，支持多线程、多路直连，性能得到大大提升。

7.4.3　申威处理器产品

申威处理器经过十余年的发展，现已形成高性能计算处理器、服务器/桌面处理器、嵌入式处理器三个系列的申威国产处理器产品线。申威系列国产处理器已多次成功应用于国家重大科技工程项目中，并在党政机关、关键领域、商业市场上开展了产业化推广。

1. 高性能计算处理器

现已完成三代高性能计算处理器研发：申威 1、申威 1600、申威 26010。申威 1为第一代单核心处理器，2005 年推出。申威 1600 为世界第一款实用化的 16 核处理器，应用于济南"神威·蓝光"超级计算机系统。申威 26010 高性能众核处理器在多核处理器申威 1600 基础上，升级运算控制核心，在单芯片内集成 4 个运算控制核心和 256 个运算核心，采用自主设计的 64 位申威 RISC 指令系统，支持 256 位 SIMD整数和浮点向量加速运算，单芯片双精度浮点峰值性能达 3.168TFLOPS。申威 26010处理器基于 28nm 工艺流片，芯片面积近 $600mm^2$，芯片的 260 个核心的稳定运行频率达 1.5GHz。申威 26010 处理器从结构级、微结构级到电路级，综合采用多种低功耗设计技术，峰值能效比达 10.559GFLOPS/W。芯片运行频率、能效比均超过同时期国际同类型处理器。申威 26010 有效解决了芯片在实现高性能目标中所遇到的功耗墙、访存墙、稳定性和成品率等难题，成功大规模地应用于国产十万万亿次超级计算机系统"神威·太湖之光"，有效满足了科学与工程应用的计算需求。其结构图如图 7.21 所示。

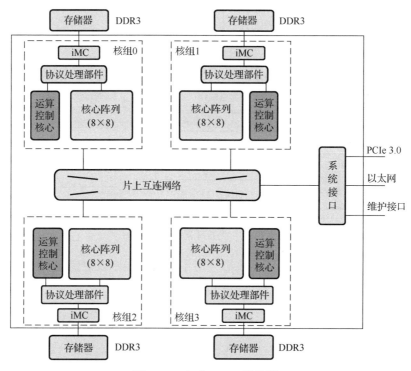

图 7.21　申威 26010 结构图

2. 服务器/桌面处理器

服务器/桌面处理器主要产品包括申威 410、申威 411、申威 421、申威 421M、申威 1610 及申威 1621 处理器。其中，申威 421 处理器主要面向中低端服务器和高端桌面计算机等，采用对称多核结构和 SoC 技术，单芯片集成了 4 个 64 位 RISC 结构的第三代 4 译码 7 发射申威处理器核心(增强版)、两路 64 位 DDR3 存储控制器接口和两套 PCI-E 3.0 标准 I/O 接口，最高核心工作频率可达 2.0GHz；申威 1621 处理器主要面向高性能计算和中高端服务器等应用的多核处理器，采用 CC_NUMA 多核结构和 SoC 技术，单芯片集成了 16 个 64 位 RISC 结构的第三代申威处理器核心(增强版)、八路 DDR3 存储控制器接口和两路 PCI-E 3.0 标准 I/O 接口，最高核心工作频率可达 2.0GHz，其结构图如图 7.22 所示。

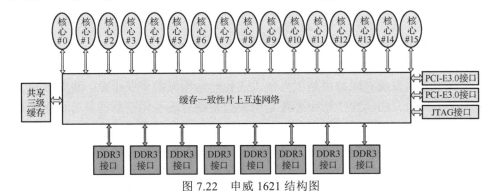

图 7.22　申威 1621 结构图

3. 嵌入式处理器

嵌入式处理器主要产品包括申威 221、申威 111、申威 121 处理器。其中，申威 121 处理器面向高密度计算型嵌入式应用需求，采用 SoC 技术单芯片集成了 1 个 64 位 RISC 结构的申威处理器核心、单路可配置的 DDR3 存储控制器以及 PCI-E 2.0、USB、UART、I2C、eMMC、DVO、以太网等标准 I/O 接口，主核工作频率可达 800MHz。其结构图如图 7.23 所示。

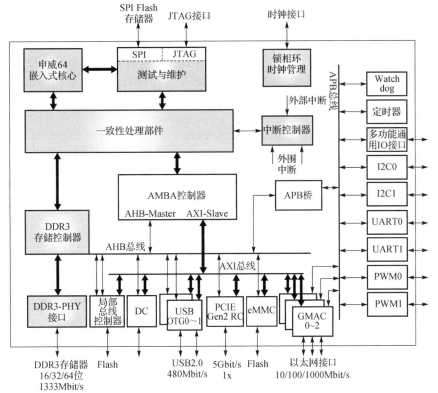

图 7.23　申威 121 结构图

7.5　中天微 CK-CPU

　　杭州中天微系统有限公司是国内嵌入式处理器领域的重要企业，目前已成为阿里巴巴的子公司。CK-CPU 指令系统是中天微系统有限公司研制的具有自主知识产权的嵌入式 CPU 指令系统，它面向下一代高性能和低功耗嵌入式应用的不同需求而设计。基于精简指令架构，采用 16 位/32 位混合的指令编码方式，具有高性能、可扩展、高代码密度和低功耗等特点，能够满足从极低功耗到高性能的嵌入式应用的需求。

　　在指令总体编码方案上，CK-CPU 采用了 16 位和 32 位 2 种固定长度的指令格式，其中 16 位指令为 32 位指令的最常用指令的功能子集，16 位指令和 32 位指令通过 2 位前缀码加以区分，有利于简化硬件译码的逻辑。在编码时 CK-CPU 指令将前缀码 "00" "01" "10" 分配给 16 位指令，将前缀码 "11" 分配给了 32 位指令。这样的分配方式使得 16 位指令尽可能多地占有编码空间，弥补了 16 位指令由于指令总长度较短造成的编码紧张问题。32 位指令去除 2 位前缀码之后其有效编码仍然达到了 30 位，因此仍然有足够的空间可用于编码。在指令类型上仅设计立即数、寄存器和跳转三种格式，在译码阶段可有效降低译码的复杂度，有利于优化处理器频率。寄存器寻址方面，16 位指令可以索引 8 个或 16 个通用寄存器，32 位指令可以索引 32 个寄存器，16 位指令采用 2 个寄存器或 3 个寄存器寻址方式，32 位指令采用 3 个寄存器寻址的方式。由于编码规则种类少，在硬件设计上译码成本较低，时序较好。图 7.24 是 CK-CPU16 位/32 位混合指令编码原则示意图。

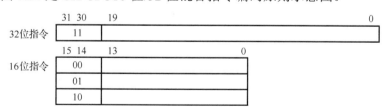

图 7.24　CK-CPU16 位/32 位混合指令编码原则

　　CK-CPU 指令集针对不同应用背景的指令进行了立即数优化。首先针对函数调用和跳转指令进行立即数宽度的优化，如优化了函数调用指令 BSR 的立即数，其 32 位指令码中附带的立即数位宽达到 26 位(前向后向分别偏移 32MB 空间)，16 位指令码中附带的立即数位宽达到 10 位(前向后向分别偏移 512B 空间)。其他跳转指令也分别有 10 位和 16 位立即数偏移，这样的组合能够使 16 位指令覆盖使用频率较高的短函数跳转，32 位指令覆盖长函数跳转。其次针对程序中频繁调用的函数设计了堆栈操作指令，包括进栈出栈操作、堆栈指针的运算等。一方面这些指令被重点设计在 16 位编码上, 另一方面这些指令的立即数比普通的运算类指令的立即数宽很多, 如 16 位堆栈加法指令的立即数有 7 位。为了提高加载/存储指令(load/store)的寻址能力, 对于 16 位加载/存储指令的偏移立即数进行了优化, 结合编码开销、硬件成本和性能, 16 位普通加载存储指令的偏移立即数为 5 位, 堆栈相关的加载存储指令的偏移立即数为 8 位。为了提高性能, 指令集中特别设计了 32 位立即数产生指令、标签产生指令和函数变量产生指令, 这些指令的立即数均在 16 位宽度以上, 对于性能和代码密度的提升都有比较积极的意义。

　　CK-CPU 指令编程模型的设计基于 "精简高效, 易于学习" 的原则。在操作权限上, 仅设计了 2 个运行模式, 即普通用户模式和超级用户模式, 这两个模式的差别仅在于对于控制寄存器的访问, 这相比 ARM 设计的 7 个运行模式显得精简很多, 不容易混淆。设计 32 个通用寄存器, 仅保留堆栈指针寄存器(R14)和链接地址寄存器(R15)2 个专用功能的寄存器, 相比国际同类微处理器设计, 其他专用功能到普通寄存器上显得更为精简。在条件位上设计了 1 个统一的条件位, 并通过显式的指令实现置位和清零, 更加符合高层语言的设计风格。在中断上设计了普通中断和快速中断 2 个级别的优先级, 快速中断能够抢占普通中断, 两者分别独立使能和关闭。在异常处理上, CK-CPU 的所有异常都按照统一的方式进行处理, 不同的仅仅是异常向量编号和优先级。图 7.25 是 CK-CPU 编程模型示意图。

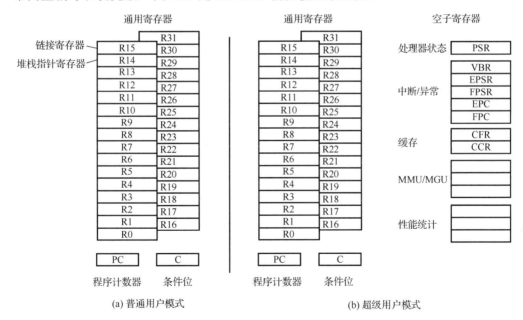

图 7.25　CK-CPU 编程模型

在指令功能设计上, CK-CPU 基于精简指令架构的基本原则, 同时适当吸收了

复杂指令的优势。CK-CPU 的指令按照功能的差别可大致分为数据运算类指令(97
条)、分支跳转类指令(16 条)、内存存取类指令(32 条)、协处理器指令(8 条)、特
权类指令(9 条)和特殊功能指令(11 条)。数据运算类指令中除了极少部分按位插入、
找 0/1 等特殊功能的指令，均为原子指令，在绝大部分处理器上可以在单周期内完
成。内存存储操作中增加了复杂多数据载入和存储、堆栈的进出等复杂指令，这些
指令虽然破坏了精简指令的风格，硬件上设计起来也比较困难，但它对提高指令系
统的整体代码密度起到了积极的作用。协处理器、特权类和特殊功能的指令与体系
结构相关，相比于整体指令系统所占比例较低。

　　CK-CPU 同时具备非常良好的面向应用的扩展性。在指令编码资源中，为应用
扩展预留了 3 个 32 位指令的主操作码(32 位指令的主操作码总共有 16 个)，用户可
以在这个编码空间中根据自己应用的需求设计出相应的指令。CK-CPU 同时设计有
面向音频/视频等的 DSP 指令子集以及矢量计算指令子集、面向信息安全的密码算
法指令子集等。图 7.26 是 CK-CPU 扩展指令子集示意图。

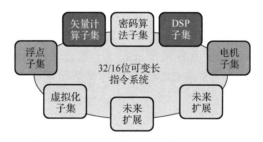

图 7.26　CK-CPU 的扩展指令子集示意图

7.6　本 章 小 结

　　Intel 利用 x86 指令集、大量且广泛的专利，以及超一流的设计和制造能力，建
立了坚实的行业壁垒，在个人电脑处理器和服务器处理器领域占据了几乎垄断的地
位。AMD 长期以来作为 x86 指令集的"备份"公司存在，但最近几年在个人电脑
领域表现较为出色。ARM 采用指令集授权或 IP 授权的模式，在低功耗处理器特别
是智能手机领域占据了主导地位。

　　除了 x86 和 ARM 指令集之外，还有 PowerPC、MIPS 等指令集，但影响力不断
减弱。然而，由加利福尼亚大学伯克利分校发起的开源指令集 RISC-V 最近几年开
始兴起，已受到广泛关注，在物联网等领域具有很大的应用前景。

　　国内的处理器产业虽然相对较为弱小，但处于不断发展壮大中。除了本书介绍
的申威和中天微(阿里)之外，还有海思、龙芯、兆芯、海光、北大众志、君正、全
志等。海思采用 ARM 指令集授权的方式，已大规模应用在华为的各类产品中。龙

芯长期以来是国产处理器的一面旗帜，主要采用 MIPS 指令集，目前主要应用在工业控制等领域。兆芯和海光分别引进了威盛和 AMD 的 x86 技术授权，试图在 x86 处理器领域打拼出一条道路。总体而言，国内的处理器产业目前"百花齐放"，但是还未出现巨头。

参 考 文 献

[1]　El-Ayat K A, Agarwal R K. The Intel 80386—Architecture and implementation. IEEE Micro, 1985, 5 (6): 4-22.

[2]　Alpert D, Avnon D. Architecture of the Pentium microprocessor. IEEE Micro, 1993, 13 (3): 11-21.

[3]　Rusu S, Tam S, Muljono H, et al. A dual-core multi-threaded xeon processor with 16MB L3 cache. Proceedings of IEEE International Solid-State Circuits Conference, San Francisco, 2006: 315-324.

[4]　Bryant R, OHallaron D. Computer Systems, A Programmer's Perspective. 3rd ed. New York: Pearson, 2015.

[5]　Pohlman W B, Ravenel B W, Mckevitt J F, et al. Extended address, single and multiple bit microprocessor: USA, US4363091. 1978-1-31.

[6]　Atallah D N, Xu Y. Method and apparatus for performing unaligned little endian and big endian data accesses in a processing system: USA, US5519842. 1993-2-26.

[7]　Heeb J, Shenoy S, Huck S. Method and apparatus for performing bi-endian byte and short accesses in a single-endian microprocessor: USA, US5574923. 1993-5-10.

[8]　Gandhi J L. Apparatus and method for executing an atomic instruction: USA, US5701501. 1993-2-26.

[9]　Mittal M, Waldman E. Compare and exchange operation in a processing system: USA, US5889983. 1997-1-21.

[10]　White J E, Griesser K P. Method and apparatus for providing an optimized compare-and-branch instruction: USA, US5748950. 1997-3-20.

[11]　Sharangpani H, Alpert D, Mulder H. Adaptive 128-bit floating point load and store instructions for quad-precision compatibility: USA, US5764959. 1995-12-20.

[12]　Mills J D. Floating point and integer condition compatibility for conditional branches and conditional moves: USA, US5889984. 1996-8-19.

[13]　Gamez C, Panf R. Apparatus and method for rounding operands: USA, US5258943. 1991-12-23.

[14]　Sharangpani H. Method and apparatus for selecting a rounding mode for a numeric operation: USA, US6058410. 1996-12-2.

[15]　Fu B P, Eitan B. Method and apparatus providing for conditional execution speed-up in a computer system through substitution of a null instruction for a synchronization instruction under

predetermined conditions: USA, US5226127. 1991-11-19.

[16] Mennemeier L M, Peleg A D, Glew A F, et al. Computer implemented method for transferring packed data between register files and memory: USA, US5935240. 1999.

[17] Dulong C, Mennemeier L M, Bui T H, et al. System for signal processing using multiply-add operations: USA, US5983257. 1995-12-26.

[18] Lin D C, Mohebbi M. Packed/add and packed subtract operations: USA, US5835782. 1996-3-4.

[19] Peleg A, Yaari Y, Mittal M. Method for performing shift operations on packed data: USA, US5666298. 1996-8-22.

[20] Lin D C, Mohebbi M, Huang K K. Method and apparatus for performing saturation instructions using saturation limit values: USA, US5959636. 1996-2-23.

[21] Lin D, Vakkalagadda R R, Glew A F, et al. Method and apparatus for executing two types of instructions that specify registers of a shared logical register file in a stack and a non-stack referenced manner: USA, US5852726. 1995-12-19.

[22] Bistry D, Mennemeier L, Peleg A D, et al. Microarchitecture for implementing an instruction to clear the tags of a stack reference register file: USA, US5857096. 1995-12-19.

[23] Farber Y, Sheaffer G, Valentine R. Method and apparatus for merging binary translated basic blocks of instructions: USA, US6105124. 1996-6-27.

[24] Liu K Y, Shoemaker K, Hammond G, et al. Method for scheduling a flag generating instruction and a subsequent instruction by executing the flag generating instruction in a microprocessor: USA, US6049864. 1996-8-20.

[25] Dulong C. Method and apparatus for executing control flow instructions in a control flow pipeline in parallel with arithmetic instructions being executed in arithmetic pipelines: USA, US5485629. 1995-1-30.

[26] Dulong C. Apparatus and method for a four address arithmetic unit: USA, US5560039. 1996-1-2.

[27] Abramson J, Akkary H, Glew A F. Method and apparatus for blocking execution of and storing load operations during their execution: USA, US5724536. 1994-1-4.

[28] Abramson J M, Konigsfeld K G. Method and apparatus for determining the dispatch readiness of buffered load operations in a processor: USA, US5694553. 1995-7-27.

[29] Abramson J. Method and apparatus for executing and dispatching store operations in a computer system: USA, US5664137. 1995-9-7.

[30] Abramson J M, Akkary H, Glew A F. Method and apparatus for loading and storing misaligned data on an out-of-order execution computer system: USA, US5577200. 1995-10-31.

[31] Hinton G J, Smith F S. Microprocessor in which multiple instructions are executed in one clock cycle by providing separate machine bus access to a register file for different types of instructions: USA, USH001291. 1994-1-2.

[32] Syed A A Z. Method and apparatus for decoding conditional jump instructions in a single clock in a computer processor: USA, US5353420. 1992-8-10.

[33] Weiser U C, Perlmutter D, Yaari Y. Pipeline system for executing predicted branch target instruction in a cycle concurrently with the execution of branch instruction: USA, US5265213. 1990-10-12.

[34] Edward T G, Donald B A. Method for verifying the correct processing of pipelined instructions including branch instructions and self-modifying code in a microprocessor: USA, US5692167. 1996-8-19.

[35] Sharangpani H P, Hammond G N, Mulder H J. Processor and method for speculatively executing instructions from multiple instruction streams indicated by a branch instruction: USA, US5860017. 1996-6-28.

[36] Bradley D H, Glenn J H, David B P. Method and apparatus for resolving return from subroutine instructions in a computer processor: USA, US5604877. 1994-1-4.

[37] Oberman S, Favor G, Weber F. AMD 3DNow! technology: Architecture and implementations. IEEE Micro, 1999, 19(2): 37-48.

[38] Keltcher C N, McGrath K J, Ahmed A, et al. The AMD Opteron processor for multiprocessor servers. IEEE Micro, 2003, 23(2): 66-76.

[39] Foley D, Steinman M, Branover A, et al. AMD's llano fusion APU. IEEE Hot Chips Symposium(HCS), 2011: 1-38.

[40] Clark M. A new, high performance x86 core design from AMD. IEEE Hot Chips Symposium (HCS), 2016: 1-19.

[41] ARM. ARM 7TDMI data Sheet. 1995.